TABELLE
ZUR BESTIMMUNG DER
DURCHSCHNITTSGESCHWINDIGKEIT
VON
FRITZ KNÖFEL
MÜNCHEN

MÜNCHEN UND BERLIN 1926
DRUCK UND VERLAG VON R. OLDENBOURG

Erklärung.

Die Tabelle dient zur Ermittlung der Durchschnittsgeschwindigkeit jeder beliebigen Fortbewegung in Kilometern pro Stunde.

Die gemessene (gestoppte) Zeit in Sekunden und die zurückgelegte Strecke in km sucht man in den Rahmen der Tabellen I und II auf und findet an der Kreuzung von Zeile mit Spalte das gewünschte Resultat. Hierbei gelten folgende Regeln:

1. Die Zeit ist stets in Sekunden umzurechnen, ev. mit Hilfe der beigegebenen Umrechnungstafel III.

2. Für die gemessene Zeit von 1—10 sec und in dieser zurückgelegten Weg von 0,1—0,9 km entnimmt man das Resultat unmittelbar der Tabelle I.

3. Für die gemessene Zeit von 10—120 sec und in dieser zurückgelegten Weg von 1—9 km dient der innere Rahmen der Tabelle II, für 100—1200 sec und 10—90 km der äußere Rahmen der Tabelle II. Das Resultat ist der Tabelle II unmittelbar zu entnehmen.

4. Für die gemessene Zeit von 10—120 sec und den zurückgelegten Weg von 0,1—0,9 km oder die gemessene Zeit von 100—1200 sec und den darin zurückgelegten Weg von 1—9 km suche man das Resultat in Tabelle II an der Stelle der zehnfach größeren Strecke. Das Resultat ist dann durch 10 zu dividieren, d. h. das Komma um eine Stelle nach links zu rücken.

5. Liegt die zurückgelegte Strecke zwischen zwei in der Tabelle angegebenen Werten, z. B. 1,3 km (zwischen 1 und 2 km), so ermittelt man erst das Resultat für 1 km, dann für 0,3 km und addiert beide unter Beachtung der Kommastellung.

6. Beträgt die gemessene Zeit mehr als 1200 sec, z. B. 3700 sec, so sucht man das Resultat bei dem 10. Teil dieser Zeit, also 370 sec, und dividiert es durch 10. Bei Zeiten über 12 000 sec durch 100 usw.

Beispiel: 27.5 km in 360 sec.

Man findet bei 360 sec in Tabelle II die Werte für

$$
\begin{array}{llll}
20 \text{ km} = & & 200,000 \text{ std/km} \\
70 \text{ km} = 700,000 & \text{also } 7 \text{ km} = & 70,000 & \text{,,} \\
50 \text{ km} = 500,000 & \text{also } 0,5 \text{ km} = & 5,000 & \text{,,} \\
\end{array}
$$

Alle drei Werte zusammen ergeben
    das Endresultat 275,000   ,,

7. Beträgt die zurückgelegte Strecke mehr als 90 km, so multipliziert man den Wert des für den zehnten Teil der Strecke gefundenen Resultats mit 10, d. h. man rückt das Komma eine Stelle nach rechts.

---

sec	km 0,1	0,2	0,3	0,4	0,5	0,6	0,7	0,8	0,9
1	360.000	720.000	1080.00	1440.00	1800.00	2160.00	2520.00	2880.00	3240.00
1.1	327.273	654.545	981.818	1309.09	1636.36	1963.64	2290.91	2618.18	2945.45
1.2	300.000	600.000	900.000	1200.00	1500.00	1800.00	2100.00	2400.00	2700.00
1.3	276.923	553.846	830.769	1107.69	1384.62	1661.54	1938.46	2215.38	2492.31
1.4	257.143	514.286	771.428	1028.57	1285.71	1542.86	1800.00	2057.14	2314.29
1.5	240.000	480.000	720.000	960.000	1200.00	1440.00	1680.00	1920.00	2160.00
1.6	225.000	450.000	675.000	900.000	1125.00	1350.00	1575.00	1800.00	2025.00
1.7	211.765	423.529	635.294	847.059	1058.82	1270.59	1482.35	1694.12	1905.88
1.8	200.000	400.000	600.000	800.000	1000.000	1200.00	1400.00	1600.00	1800.00
1.9	189.474	378.947	568.421	757.894	947.368	1136.84	1326.32	1515.79	1705.26
2	180.000	360.000	540.000	720.000	900.000	1080.00	1260.00	1440.00	1620.00
2.1	171.429	342.857	514.286	685.714	857.143	1028.57	1200.00	1371.43	1542.86
2.2	163.636	327.273	490.909	654.545	818.182	981.818	1145.45	1309.09	1472.73
2.3	156.522	313.043	469.565	626.087	782.609	939.130	1095.65	1252.17	1408.70
2.4	150.000	300.000	450.000	600.000	750.000	900.000	1050.00	1200.00	1350.00
2.5	144.000	288.000	432.000	576.000	720.000	864.000	1008.00	1152.00	1296.00
2.6	138.462	276.923	415.385	553.846	692.308	830.769	969.231	1107.69	1246.15
2.7	133.333	266.667	400.000	533.333	666.667	800.000	933.333	1066,67	1200.00
2.8	128.571	257.143	385.714	514.286	642.857	771.428	900.000	1028.57	1157.14
2.9	124.138	248.276	372.414	496.552	620.690	744.827	868.965	993.103	1117.24
3	120.000	240.000	360.000	480.000	600.000	720.000	840.000	960.000	1080.00
3.1	116.129	232.258	348.387	464.516	580.645	696.774	812.903	929.032	1045.16
3.2	112.500	225.000	337.500	450.000	562.500	675.000	787.500	.900.000	1012.50

sec	km 0,1	0,2	0,3	0,4	0,5	0,6	0,7	0,8	0,9
3.3	109.091	218.182	327.273	436.364	545.455	654.545	763.636	872.727	981.818
3.4	105.882	211.765	317.647	423.529	529.412	635.654	741.176	847.058	952.941
3.5	102.857	205.714	308.571	411.428	514.286	617.143	720.000	822.857	925.714
3.6	100.000	200.000	300.000	400.000	500.000	600.000	700.000	800.000	900.000
3.7	97.297	194.594	291.892	389.189	486.486	583.783	681.080	778.377	875.675
3.8	94.737	189.474	284.210	378.947	473.684	568.421	663.158	757.894	852.631
3.9	92.308	184.615	276.923	369.230	461.538	553.846	646.153	738.461	830.768
4	90.000	180.000	270.000	360.000	450.000	540.000	630.000	720.000	810.000
4.1	87.805	175.610	263.414	351.219	439.024	526.829	614.634	702.438	790.243
4.2	85.714	171.428	257.143	342.857	428.571	514.285	599.999	685.714	771.428
4.3	83.721	167.442	251.163	334.884	418.605	502.325	586.046	669.767	753.488
4.4	81.818	163.636	245.454	327.272	409.091	490.909	572.727	654.545	736.363
4.5	80.000	160.000	240.000	320.000	400.000	480.000	560.000	640.000	720.000
4.6	78.261	156.522	234.782	313.043	391.304	469.565	547.826	626.086	704.347
4.7	76.596	153.191	229.787	306.383	382.979	459.574	536.170	612.766	689.361
4.8	75.000	150.000	225.000	300.000	375.000	450.000	525.000	600.000	675.000
4.9	73.469	146.939	220.408	293.877	367.347	440.816	514.285	587.754	661.224
5	72.000	144.000	216.000	288.000	360.000	432.000	504.000	576.000	648.000
5.1	70.588	141.176	211.765	282.353	352.941	423.528	494.117	564.705	635.294
5.2	69.231	138.461	207.692	276.923	346.154	415.384	484.615	553.846	623.076
5.3	67.925	135.849	203.774	271.698	339.623	407.547	475.472	543.396	611.321
5.4	66.667	133.333	200.000	266.666	333.333	400.000	466.666	533.333	599.999
5.5	65.455	130.909	196.364	261.818	327.273	392.727	458.182	523.636	589.091

I.

sec	km 0,1	0,2	0,3	0,4	0,5	0,6	0,7	0,8	0,9
5.6	64.286	128.571	192.857	257.143	321.429	385.714	450.000	514.286	578.571
5.7	63.158	126.316	189.473	252.631	315.789	378.947	442.105	505.262	568.420
5.8	62.069	124.138	186.207	248.276	310.345	372.413	434.482	496.551	558.620
5.9	61.017	122.034	183.051	244.068	305.085	366.101	427.118	488.135	549.152
6	60.000	120.000	180.000	240.000	300.000	360.000	420.000	480.000	540.000
6.1	59.016	118.033	177.049	236.065	295.082	354.098	413.114	472.130	531.147
6.2	58.065	116.129	174.194	232.258	290.323	348.387	406.452	464.516	522.581
6.3	57.143	114.286	171.428	228.571	285.714	342.857	400.000	457.142	514.285
6.4	56.250	112.500	168.750	225.000	281.250	337.500	393.750	450.000	506.250
6.5	55.385	110.769	166.154	221.538	276.923	332.308	387.692	443.077	498.461
6.6	54.545	109.091	163.636	218.182	272.727	327.272	381.818	436.363	490.909
6.7	53.731	107.463	161.194	214.925	268.657	322.388	376.119	429.850	483.582
6.8	52.941	105.882	158.823	211.764	264.706	317.647	370.588	423.529	476.470
6.9	52.174	104.348	156.522	208.696	260.870	313.043	365.217	417.391	469.565
7	51.429	102.857	154.286	205.714	257.143	308.571	360.000	411.428	462.857
7.1	50.704	101.408	152.113	202.817	253.521	304.225	354.929	405.634	456.338
7.2	50.000	100.000	150.000	200.000	250.000	300.000	350.000	400.000	450.000
7.3	49.315	98.630	147.945	197.260	246.575	295.890	345.205	394.520	443.835
7.4	48.649	97.297	145.946	194.594	243.243	291.892	340.540	389.189	437.837
7.5	48.000	96.000	144.000	192.000	240.000	288.000	336.000	384.000	432.000
7.6	47.368	94.737	142.105	189.474	236.842	284.210	331.579	378.947	426.316
7.7	46.753	93.506	140.260	187.013	233.766	280.519	327.272	374.026	420.779
7.8	46.154	92.308	138.461	184.615	230.769	276.923	323.077	369.230	415.384

I.

sec \ km	0,1	0,2	0,3	0,4	0,5	0,6	0,7	0,8	0,9
7.9	45.570	91.139	136.709	182.278	227.848	273.418	318.987	364.557	410.126
8	45.000	90.000	135.000	180.000	225,000	270.000	315.000	360.000	405.000
8.1	44.444	88.889	133.333	177.778	222.222	266.666	311.111	355.555	400.000
8.2	43.902	87.805	131.707	175.610	219.512	263.414	307.317	351.219	395.122
8.3	43.373	86.747	130.120	173.494	216.867	260.240	303.614	346.987	390.361
8.4	42.857	85.714	128.571	171.428	214.286	257.143	300.000	342.857	385.714
8.5	42.353	84.706	127.059	169.412	211.765	254.117	296.470	338.823	381.176
8.6	41.860	83.721	125.581	167.442	209.302	251.162	293.023	334.883	376.744
8.7	41.379	82.759	124.138	165.517	206.897	248.276	289.655	331.034	372.414
8.8	40.909	81.818	122.727	163.636	204.545	245.454	286.363	327.272	368.181
8.9	40.449	80.899	121.348	161.797	202.247	242.696	283.146	323.595	364.045
9	40.000	80.000	120.000	160.000	200.000	240.000	280.000	320.000	360.000
9.1	39.560	79.121	118.681	158.242	197.802	237.362	276.922	316.483	356.044
9.2	39.130	78.261	117.391	156.522	195.652	234.782	273.913	313.043	352.174
9.3	38.710	77.419	116.129	154.838	193.548	232.258	270.967	309.677	348.486
9.4	38.298	76.596	114.893	153.191	191.489	229.817	268.085	306.382	344.680
9.5	37.895	75.789	113.684	151.579	189.474	227.368	265.263	303.158	341.052
9.6	37.500	75.000	112.500	150.000	187.500	225.000	262.500	300.000	337.500
9.7	37.113	74.227	111.340	148.454	185.567	222.680	259.794	296.907	334.021
9.8	36.735	73.469	110.204	146.938	183.673	220.408	257.142	293.877	330.611
9.9	36.364	72.727	109.091	145.454	181.818	218.181	254.545	290.909	327.272
10	36.000	72.000	108.000	144.000	180.000	216.000	252.000	288.000	324.000

km		10	20	30	40	50	60	70	80	90
	km	1	2	3	4	5	6	7	8	9
sec	sec									
100	10	360.000	720.000	1080.00	1440.00	1800.00	2160.00	2520.00	2880.00	3240.00
101	10.1	356.436	712.871	1069.31	1425.74	1782.18	2138.61	2495.05	2851.48	3207.92
102	10.2	352.941	705.882	1058.82	1411.76	1764.71	2117.65	2470.59	2823.53	3176.47
103	10.3	349.515	699.029	1048.54	1398.06	1747.57	2097.09	2446.60	2796.12	3145.63
104	10.4	346.154	692.308	1038.46	1384.62	1730.77	2076.92	2423.08	2769.23	3115.38
105	10.5	342.857	684.714	1028.57	1371.43	1714.29	2057.14	2400.00	2738.86	3085.71
106	10.6	339.623	679.245	1018.87	1358.49	1698.11	2037.74	2377.36	2716.98	3056.60
107	10.7	336.449	672.897	1009.35	1345.79	1682.24	2018.69	2355.14	2691.59	3028.04
108	10.8	333.333	666.666	1000.00	1333.33	1666.67	2000.00	2333.33	2666.67	3000.00
109	10.9	330.275	660.550	990.826	1321.10	1651.38	1981.65	2311.93	2642.20	2972.48
110	11	327.273	654.545	981.818	1309.09	1636.36	1963.64	2290.91	2618.18	2945.45
111	11.1	324.324	648.649	972.973	1297.30	1621.62	1945.95	2270.27	2594.59	2918.90
112	11.2	321.429	642.857	964.286	1285.75	1607.14	1928.57	2250.00	2571.43	2892.86
113	11.3	318.584	637.168	955.752	1266.34	1592.92	1911.50	2230.09	2548.67	2867.26
114	11.4	315.789	631.579	947.368	1263.16	1578.95	1894.74	2210.53	2526.32	2842.11
115	11.5	313.043	626.087	939.130	1252.17	1565.22	1880.26	2191.30	2504.35	2817.39
116	11.6	310.345	620.690	931.034	1241.38	1551.72	1862.07	2172.41	2482.76	2793.10
117	11.7	307.692	615.385	923.077	1230.77	1538.46	1846.15	2153.85	2461.54	2769.23
118	11.8	305.085	610.169	915.254	1220.34	1525.42	1830.51	2135.59	2440.68	2745.76
119	11.9	302.521	605.042	907.563	1210.08	1512.61	1815.13	2117.65	2420.17	2722.69

II.

km	10	20	30	40	50	60	70	80	90
km	1	2	3	4	5	6	7	8	9
sec	sec								
120	12	300.000	600.000	900.000	1200.00	1500.00	1800.00	2100.00	2400.00	2700.00
121	12.1	297.521	595.041	892.562	1190.10	1487.60	1785.12	2082.64	2380.17	2677.69
122	12.2	295.083	590.166	885.249	1180.33	1475.42	1770.50	2065.58	2360.66	2655.75
123	12.3	292.683	585.366	878.049	1170.73	1463.42	1756.10	2048.78	2341.46	2634.15
124	12.4	290.323	580.645	870.968	1161.29	1451.61	1741.94	2032.26	2322.58	2612.90
125	12.5	288.000	576.000	864.000	1152.00	1440.00	1728.00	2016.00	2304.00	2592.00
126	12.6	285.714	571.428	857.143	1142.86	1428.57	1714.29	2000.00	2285.71	2571.43
127	12.7	283.465	566.929	850.394	1133.86	1417.32	1700.79	1984.25	2267.72	2551.18
128	12.8	281.250	562.500	843.750	1124.00	1406.25	1687.50	1968.75	2250.00	2531.25
129	12.9	279.070	558.139	837.209	1116.28	1395.35	1674.42	1953.49	2232.56	2511.63
130	13	276.923	553.846	830.769	1107.69	1384.62	1661.54	1938.46	2215.38	2492.31
131	13.1	274.809	549.618	824.427	1099.24	1374.05	1648.86	1923.66	2198.47	2473.28
132	13.2	272.727	545.454	818.182	1090.91	1363.64	1636.36	1909.09	2181.82	2454.55
133	13.3	270.677	541.353	812.010	1082.71	1353.38	1624.06	1894.74	2165.41	2436.09
134	13.4	268.657	537.313	805.970	1074.63	1343.28	1611.94	1880.60	2149.25	2418.91
135	13.5	266.667	533.333	800.000	1066.67	1333.33	1600.00	1866.67	2133.33	2400.00
136	13.6	264.706	529.412	794.117	1058.82	1323.73	1588.24	1852.94	2117.65	2382.35
137	13.7	262.774	525.547	788.321	1051.09	1313.87	1576.64	1839.42	2102.19	2364.96
138	13.8	260.870	521.739	782.609	1043.48	1304.35	1565.22	1826.09	2086.96	2347.83
139	13.9	258.993	517.986	776.978	1035.97	1294.96	1553.96	1812.95	2071.94	2330.94

II.

km		10	20	30	40	50	60	70	80	90
	km 1		2	3	4	5	6	7	8	9
sec	sec									
140	14	257.143	514.286	771.428	1028.57	1285.71	1542.86	1800.00	2057.14	2314.29
141	14.1	255.319	510.638	765.957	1021.28	1276.60	1531.91	1787.23	2042.55	2297.87
142	14.2	253.521	507.042	760.563	1014.08	1267.61	1521.13	1774.65	2028.17	2281.69
143	14.3	251.748	503.497	755.245	1006.99	1258.74	1510.49	1762.24	2013.99	2265.74
144	14.4	250.000	500.000	750.000	1000.00	1250.00	1500.00	1750.00	2000.00	2250.00
145	14.5	248.276	496.552	744.827	993.103	1241.38	1489.65	1737.93	1986.21	2234.48
146	14.6	246.575	493.151	739.726	986.301	1232.88	1479.45	1726.03	1972.60	2219.18
147	14.7	244.898	489.796	734.694	979.592	1224.49	1469.39	1714.29	1959.18	2204.08
148	14.8	243.243	486.486	729.730	972.973	1216.22	1459.46	1702.70	1945.95	2189.19
149	14.9	241.611	483.221	724.832	966.443	1208.05	1449.66	1691.28	1932.89	2174.50
150	15	240.000	480.000	720.000	960.000	1200.00	1440.00	1680.00	1920.00	2160.00
151	15.1	238.411	476.821	715.231	953.642	1192.05	1430.46	1668.87	1907.28	2145.70
152	15.2	236.842	473.684	710.526	947.368	1184.21	1421.05	1657.90	1894.74	2131.58
153	15.3	235.294	470.588	705.882	941.176	1176.47	1411.77	1647.06	1883.35	2117.65
154	15.4	233.766	467.532	701.299	935.065	1168.83	1402.60	1636.36	1870.13	2103.90
155	15.5	232.258	464.516	696.774	929.032	1161.29	1393.55	1625.81	1858.06	2090.32
156	15.6	230.769	461.538	692.308	923.077	1153.85	1384.62	1615.38	1846.15	2076.92
157	15.7	229.299	458.599	687.898	917.197	1146.50	1375.80	1605.10	1834.39	2063.69
158	15.8	227.848	455.696	683.544	911.392	1139.24	1367.09	1594.94	1822.79	2050.63
159	15.9	226.415	452.830	679.245	905.660	1132.08	1358.49	1584.91	1811.32	2037.74

II.

km		10	20	30	40	50	60	70	80	90
	km 1		2	3	4	5	6	7	8	9
sec	sec									
160	16	225.000	450.000	675.000	900.000	1125.00	1350.00	1575.00	1800.00	2025.00
161	16.1	223.602	447.205	670.807	894.410	1018.01	1341.61	1565.22	1788.82	2012.42
162	16.2	222.222	444.444	666.667	888.889	1111.11	1333.33	1555.56	1777.78	2000.00
163	16.3	220.859	441.718	662.576	883.435	1104.29	1325.15	1546.01	1766.87	1987.73
164	16.4	219.512	439.024	658.536	878.048	1097.56	1317.07	1536.59	1756.10	1975.61
165	16.5	218.182	436.364	654.545	872.727	1090.91	1309.09	1527.27	1745.45	1963.64
166	16.6	216.867	433.735	650.602	867.470	1084.34	1301.20	1518.04	1734.94	1951.81
167	16.7	215.569	431.138	646.706	862.275	1077.84	1293.41	1508.98	1724.55	1940.12
168	16.8	214.286	428.571	642.857	857.143	1071.43	1285.71	1500.00	1714.29	1928.57
169	16.9	213.018	426.035	639.053	852.071	1065.09	1278.11	1491.12	1704.14	1917.16
170	17	211.765	423.529	635.294	847.059	1058.82	1270.59	1482.35	1694.12	1905.88
171	17.1	210.526	421.053	631.579	842.105	1052.63	1263.16	1473.68	1684.21	1894.74
172	17.2	209.302	418.605	627.907	837.209	1046.51	1255.81	1465.12	1674.42	1883.72
173	17.3	208.092	416.185	624.277	832.370	1040.46	1248.55	1456.68	1664.74	1872.83
174	17.4	206.897	413.793	620.690	827.586	1034.48	1241.38	1448.28	1655.17	1862.07
175	17.5	205.714	411.428	617.143	822.857	1028.57	1234.29	1440.00	1645.71	1851.43
176	17.6	204.545	409.091	613.636	818.182	1022.73	1227.27	1431.82	1636.36	1840.91
177	17.7	203.390	406.780	610.169	813.559	1016.95	1220.35	1423.73	1627.12	1830.51
178	17.8	202.247	404.494	606.741	808.988	1011.24	1213.48	1415.81	1617.98	1820.22
179	17.9	201.117	402.235	603.352	804.469	1005.59	1206.70	1407.82	1608.94	1810.06

II.

km		10	20	30	40	50	60	70	80	90
	km	1	2	3	4	5	6	7	8	9
sec	sec									
180	18	200.000	400.000	600.000	800.000	1000.00	1200.00	1400.00	1600.00	1800.00
181	18.1	198.895	397.790	596.685	795.580	994.475	1193.38	1392.27	1591.16	1790.06
182	18.2	197.802	395.604	593.406	791.208	989.011	1186.81	1384.62	1582.42	1780.22
183	18.3	196.721	393.442	590.164	786.885	983.606	1180.33	1377.05	1573.77	1770.49
184	18.4	195.652	391.304	586.956	782.608	978.261	1173.91	1369.57	1565.22	1760.87
185	18.5	194.595	389.189	583.784	778.378	972.973	1167.57	1362.16	1556.76	1751.35
186	18.6	193.548	387.097	580.645	774.193	967.742	1161.29	1354.84	1548.39	1741.94
187	18.7	192.513	385.027	577.540	770.053	962.567	1155.08	1347.59	1540.11	1732.62
188	18.8	191.489	382.979	574.468	765.997	957.447	1148.94	1340.43	1531.91	1723.40
189	18.9	190.476	380.952	571.428	761.904	952.481	1142.86	1333.33	1523.81	1714.29
190	19	189.474	378.947	568.421	757.894	947.368	1136.84	1326.32	1515.79	1705.26
191	19.1	188.482	376.963	565.445	753.926	942.408	1130.89	1319.37	1507.85	1696.33
192	19.2	187.500	375.000	562.500	750.000	937.500	1125.00	1312.50	1500.00	1687.50
193	19.3	186.528	373.057	559.585	746.114	932.642	1119.17	1305.70	1492.23	1678.76
194	19.4	185.567	371.134	556.701	742.268	927.835	1113.40	1298.97	1484.54	1670.10
195	19.5	184.615	369.631	553.846	738.461	923.077	1107.69	1292.31	1476.92	1661.54
196	19.6	183.673	367.347	551.020	734.694	918.367	1102.04	1285.71	1469.39	1653.06
197	19.7	182.741	365.482	548.223	730.964	913.706	1096.45	1279.19	1461.93	1644.67
198	19.8	181.818	363.636	545.454	727.272	909.091	1090.91	1272.73	1454.55	1636.36
199	19.9	180.905	361.809	542.714	723.618	904.523	1085.43	1266.33	1447.24	1628.14

II.

km		10	20	30	40	50	60	70	80	90
	km 1		2	3	4	5	6	7	8	9
sec	sec									
200	20	180.000	360.000	540.000	720.000	900.000	1080.00	1260.00	1440.00	1620.00
201	20.1	179.104	358.209	537.313	716.418	895.522	1074.63	1253.73	1432.84	1611.94
202	20.2	178.218	356.436	534.653	712.871	891.089	1069.31	1247.53	1425.74	1603.96
203	20.3	177.340	354.680	532.020	709.360	886.700	1064.04	1241.38	1418.72	1596.06
204	20.4	176.471	352.941	529.412	705.882	882.353	1058.82	1235.29	1411.76	1588.24
205	20.5	175.610	351.219	526.829	702.439	878.049	1053.66	1229.27	1404.88	1580.49
206	20.6	174.757	349.515	524.272	699.029	873.786	1048.54	1223.30	1398.06	1572.82
207	20.7	173.913	347.826	521.739	695.652	869.565	1043.48	1217.39	1391.30	1565.22
208	20.8	173.077	346.154	519.231	692.308	865.385	1038.46	1211.54	1384.62	1557.69
209	20.9	172.249	344.498	516.746	688.995	861.244	1033.49	1205.74	1377.99	1550.24
210	21	171.429	342.857	514.286	685.714	857.143	1028.57	1200.00	1371.43	1542.86
211	21.1	170.616	341.232	511.848	682.464	853.081	1023.70	1194.31	1364.93	1535.55
212	21.2	169.811	339.623	509.434	679.245	849.057	1018.87	1188.68	1358.49	1528.30
213	21.3	169.014	338.028	507.054	676.056	845.070	1014.08	1183.10	1352.11	1521.13
214	21.4	168.224	336.448	504.673	672.897	841.121	1009.35	1177.57	1345.79	1514.02
215	21.5	167.442	334.884	502.325	669.767	837.209	1004.65	1172.09	1339.53	1506.98
216	21.6	166.667	333.333	500.000	666.666	833.333	1000.00	1166.67	1333.33	1500.00
217	21.7	165.899	331.797	497.696	663.594	829.493	995.392	1161.29	1327.19	1493.09
218	21.8	165.138	330.275	495.413	660.540	825.688	990.826	1155.96	1321.10	1486.24
219	21.9	164.384	328.767	493.151	657.534	821.918	986.301	1150.07	1315.07	1479.45

II.

km		10	20	30	40	50	60	70	80	90
	km	1	2	3	4	5	6	7	8	9
sec	sec									
220	22	163.636	327.273	490.909	654.545	818.182	981.818	1145.45	1309.09	1472.73
221	22.1	162.896	325.792	488.688	651.584	814.480	977.375	1140.27	1303.17	1466.06
222	22.2	162.162	324.324	486.486	648.648	810.811	972.973	1135.14	1297.30	1459.46
223	22.3	161.435	322.870	484.305	645.740	807.175	968.609	1130.04	1291.48	1452.91
224	22.4	160.714	321.428	482.143	642.857	803.571	964.285	1125.00	1285.71	1446.43
225	22.5	160.000	320.000	480.000	640.000	800.000	960.000	1120.00	1280.00	1440.00
226	22.6	159.292	318.585	477.877	637.170	796.462	955.754	1115.05	1274.34	1433.63
227	22.7	158.590	317.181	475.771	634.361	792.952	951.542	1110.13	1268.72	1427.31
228	22.8	157.895	315.789	473.684	631.579	789.474	947.368	1105.26	1263.16	1421.05
229	22.9	157.205	314.410	471.616	628.821	786.026	943.231	1100.44	1257.64	1414.85
230	23	156.522	313.043	469.565	626.087	782.609	939.130	1095.65	1252.17	1408.70
231	23.1	155.844	311.688	467.532	623.376	779.221	935.065	1090.91	1246.75	1402.60
232	23.2	155.172	310.345	465.517	620.690	775.862	931.034	1086.21	1241.38	1396.55
233	23.3	154.506	309.013	463.519	618.026	772.532	927.038	1081.54	1236.05	1390.56
234	23.4	153.846	307.692	461.538	615.384	769.231	923.077	1076.92	1230.77	1384.62
235	23.5	153.191	306.383	459.574	612.766	765.957	919.148	1072.40	1225.53	1378.72
236	23.6	152.542	305.085	457.627	610.169	762.712	915.254	1067.80	1220.34	1372.88
237	23.7	151.899	303.797	455.696	607.595	759.494	911.392	1063.29	1215.19	1367.09
238	23.8	151.261	302.521	453.782	605.042	756.303	907.563	1058.82	1210.08	1361.35
239	23.9	150.628	301.255	451.883	602.510	753.138	903.766	1054.39	1205.02	1355.65

II.

sec	sec	km 10 / km 1	20 / 2	30 / 3	40 / 4	50 / 5	60 / 6	70 / 7	80 / 8	90 / 9
240	24	150.000	300.000	450.000	600.000	750.000	900.000	1050.00	1200.00	1350.00
241	24.1	149.378	298.755	448.133	597.510	746.888	896.265	1045.64	1195.02	1344.40
242	24.2	148.760	297.521	446.281	595.041	743.802	892.562	1041.32	1190.08	1338.84
243	24.3	148.148	296.296	444.444	592.592	740.741	888.889	1037.04	1185.19	1333.33
244	24.4	147.541	295.082	442.623	590.164	737.705	885.245	1032.79	1180.33	1327.87
245	24.5	146.939	293.877	440.816	587.755	734.694	881.632	1028.57	1175.51	1322.45
246	24.6	146.341	292.683	439.024	585.366	731.707	878.048	1024.39	1170.73	1317.07
247	24.7	145.749	291.498	437.247	582.996	728.745	874.494	1020.24	1165.99	1311.74
248	24.8	145.161	290.322	435.484	580.645	725.806	870.967	1016.13	1161.29	1306.45
249	24.9	144.578	289.157	433.735	578.313	722.892	867.470	1012.05	1156.63	1301.21
250	25	144.000	288.000	432.000	576.000	720.000	864.000	1008.00	1152.00	1296.00
251	25.1	143.426	286.852	430.279	573.705	717.131	860.557	1003.98	1147.41	1290.84
252	25.2	142.857	285.714	428.571	571.428	714.286	857.143	1000.00	1142.86	1285.71
253	25.3	142.292	284.585	426.877	569.170	711.462	853.754	996.047	1138.34	1280.63
254	25.4	141.732	283.464	425.197	566.929	708.661	850.393	992.125	1133.86	1275.59
255	25.5	141.176	282.353	423.529	564.706	705.882	847.058	988.235	1129.41	1270.59
256	25.6	140.625	281.250	421.875	562.500	703.125	843.750	984.375	1125.00	1265.63
257	25.7	140.078	280.156	420.233	560.311	700.389	840.467	980.545	1120.62	1260.70
258	25.8	139.534	279.069	418.603	558.138	697.672	837.206	976.741	1116.28	1255.81
259	25.9	138.996	277.992	416.988	555.984	694.981	833.977	972.973	1111.97	1250.96

II.

km		10	20	30	40	50	60	70	80	90
	km	1	2	3	4	5	6	7	8	9
sec	sec									
260	26	138.462	276.923	415.385	553.846	692.308	830.769	969.231	1107.69	1246.15
261	26.1	137.931	275.862	413.793	551.724	689.655	827.586	965.517	1103.45	1241.38
262	26.2	137.405	274.809	412.214	549.618	687.023	824.427	961.832	1099.24	1236.64
263	26.3	136.882	273.764	410.646	547.528	684.411	821.293	958.175	1095.06	1231.94
264	26.4	136.364	272.727	409.091	545.454	681.818	818.182	954.545	1090.91	1227.27
265	26.5	135.849	271.698	407.547	543.396	679.245	815.094	950.943	1086.79	1222.64
266	26.6	135.338	270.677	406.015	541.353	676.692	812.030	947.368	1082.71	1218.05
267	26.7	134.831	269.663	404.494	539.326	674.157	808.988	943.820	1078.65	1213.48
268	26.8	134.328	268.657	402.985	537.313	671.642	805.970	940.298	1074.63	1208.96
269	26.9	133.829	267.658	401.487	535.316	669.145	802.973	936.802	1070.63	1204.46
270	27	133.333	266.667	400.000	533.333	666.667	800.000	933.333	1066.67	1200.00
271	27.1	132.841	265.683	398.524	531.365	664.207	797.048	929.889	1062.73	1195.57
272	27.2	132.353	264.706	397.059	529.412	661.765	794.117	926.470	1058.82	1191.18
273	27.3	131.868	263.736	395.604	527.472	659.341	791.209	923.077	1054.95	1186.81
274	27.4	131.387	262.774	394.160	525.547	656.934	788.321	919.708	1051.09	1182.48
275	27.5	130.909	261.818	392.727	523.636	654.545	785.454	916.363	1047.27	1178.18
276	27.6	130.435	260.869	391.304	521.739	652.174	782.608	913.043	1043.48	1173.91
277	27.7	129.964	259.928	389.891	519.855	649.819	779.783	909.747	1039.71	1169.67
278	27.8	129.496	258.993	388.489	517.986	647.482	776.978	906.475	1035.97	1165.47
279	27.9	129.032	258.064	387.097	516.129	645.161	774.193	903.225	1032.26	1161.29

II.

km		10	20	30	40	50	60	70	80	90
	km	1	2	3	4	5	6	7	8	9
sec	sec									
280	28	128.571	257.143	385.714	514.286	642.857	771.428	900.000	1028.57	1157.14
281	28.1	128.114	256.228	384.341	512.455	640.569	768.683	896.797	1024.91	1153.02
282	28.2	127.660	255.319	382.979	510.638	638.298	765.957	893.617	1021.28	1148.94
283	28.3	127.208	254.417	381.625	508.834	636.042	763.250	890.459	1017.67	1144.88
284	28.4	126.761	253.521	380.282	507.042	633.803	760.563	887.324	1014.08	1140.85
285	28.5	126.316	252.631	378.947	505.263	631.579	757.894	884.210	1010.53	1136.84
286	28.6	125.874	251.748	377.622	503.496	629.371	755.245	881.119	1006.99	1132.87
287	28.7	125.436	250.871	376.307	501.742	627.178	752.613	878.049	1003.48	1128.92
288	28.8	125.000	250.000	375.000	500.000	625.000	750.000	875.000	1000.00	1125.00
289	28.9	124.567	249.135	373.702	498.270	622.837	747.404	871.972	996.539	1121.11
290	29	124.138	248.276	372.414	496.552	620.690	744.827	868.965	993.103	1117.24
291	29.1	123.711	247.423	371.134	494.845	618.557	742.268	865.979	989.690	1113.40
292	29.2	123.288	246.575	369.863	493.150	616.438	739.726	863.013	986.301	1109.59
293	29.3	122.867	245.734	368.600	491.467	614.334	737.201	860.068	982.934	1105.80
294	29.4	122.449	244.898	367.347	489.796	612.245	734.693	857.142	979.591	1102.04
295	29.5	122.034	244.068	366.101	488.135	610.169	732.203	854.237	976.270	1098.30
296	29.6	121.622	243.243	364.865	486.486	608.108	729.730	851.351	972.973	1094.59
297	29.7	121.212	242.424	363.636	484.848	606.061	727.273	848.485	969.697	1090.91
298	29.8	120.805	241.611	362.416	483.221	604.027	724.832	845.637	966.442	1087.25
299	29.9	120.401	240.803	361.204	481.605	602.007	722.408	842.809	963.210	1083.61

II.

		10	20	30	40	50	60	70	80	90
km										
	km 1		2 ·	3	4	5	6	7	8	9
sec	sec									
300	30	120.000	240.000	360.000	480.000	600.000	720.000	840.000	960.000	1080.00
301	30.1	119.601	239.203	358.804	478.405	598.007	717.608	837.209	956.810	1076.41
302	30.2	119.205	238.410	357.616	476.821	596.026	715.231	834.436	953.642	1072.85
303	30.3	118.812	237.624	356.436	475.248	594.060	712.871	831.683	950.495	1069.31
304	30.4	118.421	236.842	355.263	473.684	592.105	710.526	828.947	947.368	1065.79
305	30.5	118.033	236.065	354.098	472.131	590.164	708.196	826.229	944.262	1062.29
306	30.6	117.647	235.294	352.941	470.588	588.235	705.882	823.529	941.176	1058.82
307	30.7	117.264	234.528	351.791	469.055	586.319	703.583	820.847	938.110	1055.37
308	30.8	116.883	233.766	350.649	467.532	584.416	701.299	818.182	935.065	1051.95
309	30.9	116.505	233.010	349.514	465.019	582.524	699.029	815.532	932.038	1048.54
310	31	116.129	232.258	348.387	464.516	580.645	696.774	812.903	929.032	1045.16
311	31.1	115.756	231.511	347.267	463.022	578.778	694.534	810.289	926.045	1041.80
312	31.2	115.385	230.769	346.154	461.538	575.923	692.308	807.692	923.077	1038.46
313	31.3	115.016	230.032	345.048	460.064	575.080	690.095	805.111	920.127	1035.14
314	31.4	114.650	229.299	343.949	458.598	573.248	687.898	802.547	917.197	1031.85
315	31.5	114.286	228.571	342.857	457.143	571.429	685.714	800.000	914.286	1028.57
316	31.6	113.924	227.848	341.772	455.696	569.620	683.544	797.468	911.392	1025.32
317	31.7	113.565	227.129	340.694	454.258	567.823	681.388	794.952	908.517	1022.08
318	31.8	113.208	226.415	339.623	452.830	566.038	679.245	792.453	905.660	1018.87
319	31.9	112.853	225.705	338.558	451.410	564.263	677.116	789.968	902.821	1015.67

2*

II.

km		10	20	30	40	50	60	70	80	90
	km	1	2	3	4	5	6	7	8	9
sec	sec									
320	32	112.500	225.000	337.500	450.000	562.500	675.000	787.500	900.000	1012.50
321	32.1	112.150	224.299	336.449	448.598	560.748	672.897	785.047	897.196	1009.35
322	32.2	111.801	223.602	335.404	447.205	559.006	670.807	782.608	894.410	1006.21
323	32.3	111.455	222.910	334.365	445.820	557.276	668.731	780.186	891.641	1003.10
324	32.4	111.111	222.222	333.333	444.444	555.556	666.667	777.778	888.889	1000.00
325	32.5	110.769	221.538	332.308	443.077	553.846	664.615	775.384	886.154	996.923
326	32.6	110.429	220.853	331.288	441.718	552.147	662.576	773.006	883.435	993.864
327	32.7	110.092	220.273	330.275	440.367	550.459	660.550	770.642	880.734	990.825
328	32.8	109.756	219.512	329.268	439.024	548.780	658.536	768.292	878.048	987.804
329	32.9	109.422	218.845	328.467	437.690	547.112	656.534	765.957	875.379	984.802
330	33	109.091	218.182	327.273	436.364	545.455	654.545	763.636	872.727	981.818
331	33.1	108.761	217.523	326.284	435.045	543.807	652.568	761.329	870.090	978.852
332	33.2	108.434	216.867	325.301	433.735	542.169	650.602	759.036	867.470	975.903
333	33.3	108.108	216.216	324.324	432.432	540.541	648.649	756.757	864.865	972.973
334	33.4	107.784	215.569	323.353	431.138	538.922	646.706	754.491	862.275	970.060
335	33.5	107.463	214.925	322.388	429.850	537.313	644.776	752.238	859.701	967.163
336	33.6	107.143	214.286	321.428	428.571	535.714	642.857	750.000	857.142	964.285
337	33.7	106.825	213.650	320.475	427.300	534.125	640.949	747.774	854.599	961.424
338	33.8	106.509	213.018	319.526	426.035	532.544	639.053	745.562	852.070	958.579
339	33.9	106.195	212.389	318.584	424.778	530.973	637.168	743.362	849.557	955.751

II.

km		10	20	30	40	50	60	70	80	90
	km	1	2	3	4	5	6	7	8	9
sec	sec									
340	34	105.882	211.765	317.647	423.529	529.412	635.294	741.176	847.058	952.941
341	34.1	105.572	211.144	316.715	422.287	527.859	633.431	739.003	844.574	950.146
342	34.2	105.263	210.526	315.789	421.052	526.316	631.579	736.842	842.105	947.368
343	34.3	104.956	209.912	314.869	419.825	524.781	629.737	734.693	839.650	944.606
344	34.4	104.651	209.302	313.953	418.604	523.256	627.907	732.558	837.209	941.860
345	34.5	104.348	208.696	313.043	417.391	521.739	626.087	730.435	834.782	939.130
346	34.6	104.046	208.092	312.139	416.185	520.231	624.277	728.323	832.370	936.416
347	34.7	103.746	207.493	311.239	414.985	518.732	622.478	726.224	829.970	933.717
348	34.8	103.448	206.896	310.345	413.793	517.241	620.689	724.137	827.586	931.034
349	34.9	103.152	206.304	309.455	412.607	515.759	618.911	722.063	825.214	928.366
350	35	102.857	205.714	308.571	411.428	514.286	617.143	720.000	822.857	925.714
351	35.1	102.564	205.128	307.692	410.256	512.821	615.385	717.949	820.513	923.077
352	35.2	102.273	204.545	306.818	409.091	511.364	613.636	715.909	818.182	920.454
353	35.3	101.983	203.966	305.949	407.932	509.915	611.898	713.881	815.864	917.847
354	35.4	101.695	203.390	305.085	406.780	508.475	610.169	711.864	813.559	915.254
355	35.5	101.408	202.817	304.225	405.634	507.042	608.450	709.859	811.267	912.676
356	35.6	101.124	202.247	303.371	404.494	505.618	606.741	707.865	808.988	910.112
357	35.7	100.840	201.681	302.521	403.361	504.202	605.042	705.882	806.722	907.563
358	35.8	100.559	201.117	301.676	402.234	502.793	603.352	703.910	804.469	905.027
359	35.9	100.279	200.557	300.836	401.114	501.393	601.671	701.950	802.228	902.507

II.

km		10	20	30	40	50	60	70	80	90
	km 1		2	3	4	5	6	7	8	9
sec	sec									
360	36	100.000	200.000	300.000	400.000	500.000	600.000	700.000	800.000	900.000
361	36.1	99.723	199.446	299.169	398.892	498.615	598.337	698.060	797.783	897.506
362	36.2	99.448	198.895	298.343	397.790	497.238	596.685	696.133	795.580	895.028
363	36.3	99.174	198.347	297.521	396.694	495.868	595.041	694.215	793.388	892.562
364	36.4	98.901	197.802	296.703	395.604	494.505	593.406	692.307	791.208	890.109
365	36.5	98.630	197.260	295.890	394.520	493.151	591.781	690.411	789.041	887.671
366	36.6	98.361	196.721	295.089	393.442	491.803	590.164	688.524	786.885	885.245
367	36.7	98.093	196.185	294.278	392.370	490.463	588.556	686.648	784.741	882.833
368	36.8	97.826	195.652	293.478	391.304	489.130	586.956	684.782	782.608	880.434
369	36.9	97.561	195.122	292.683	390.244	487.805	585.365	682.926	780.487	878.048
370	37	97.297	194.594	291.892	389.189	486.486	583.783	681.080	778.377	875.675
371	37.1	97.035	194.070	291.105	388.140	485.175	582.210	679.245	776.280	873.305
372	37.2	96.774	193.548	290.322	387.096	483.871	580.645	677.319	774.193	870.967
373	37.3	96.515	193.029	289.544	386.059	482.574	579.088	675.603	772.118	868.632
374	37.4	96.257	192.513	288.770	385.026	481.283	577.540	673.796	770.053	866.309
375	37.5	96.000	192.000	288.000	384.000	480.000	576.000	672.000	768.000	864.000
376	37.6	95.745	191.489	287.234	382.978	478.723	574.468	670.212	765.957	861.701
377	37.7	95.491	190.981	286.472	381.963	477.454	572.944	668.435	763.926	859.416
378	37.8	95.238	190.476	285.714	380.932	476.190	571.428	666.666	761.904	857.142
379	37.9	94.987	189.975	284.962	379.949	474.937	569.924	664.911	759.898	854.884

II.

km	10	20	30	40	50	60	70	80	90
	km 1	2	3	4	5	6	7	8	9
sec sec									
380 38	94.737	189.474	284.210	378.947	473.684	568.421	663.158	757.894	852.631
381 38.1	94.488	188.976	283.464	377.952	472.441	566.929	661.417	755.905	850.393
382 38.2	94.241	188.482	282.722	376.963	471.204	565.445	659.686	753.926	848.167
383 38.3	93.995	187.989	281.984	375.979	469.974	563.968	657.963	751.958	845.952
384 38.4	93.750	187.500	281.250	375.000	468.750	562.500	656.250	750.000	843.750
385 38.5	93.506	187.013	280.519	374.026	467.532	561.038	654.545	748.051	841.558
386 38.6	93.264	186.528	279.793	373.057	466.321	559.585	652.849	746.114	839.378
387 38.7	93.023	186.046	279.070	372.093	465.116	558.139	651.162	744.186	837.209
388 38.9	92.784	185.567	278.351	371.134	463.918	556.701	649.485	742.268	835.052
389 38.8	92.545	185.090	277.635	370.180	462.725	555.269	647.814	740.359	832.904
390 39	92.308	184.615	276.923	369.230	461.538	553.846	646.153	738.461	830.768
391 39.1	92.072	184.143	276.215	368.286	460.358	552.430	644.501	736.573	828.644
392 39.2	91.837	183.673	275.510	367.347	459.184	551.020	642.857	734.694	826.530
393 39.3	91.603	183.206	274.809	366.412	458.015	549.618	641.221	732.824	824.427
394 39.4	91.371	182.741	274.112	365.482	456.853	548.223	639.594	730.964	822.335
395 39.5	91.139	182.278	273.418	364.557	455.696	546.835	637.974	729.114	820.253
396 39.6	90.909	181.818	272.727	363.636	454.545	545.454	636.363	727.272	818.181
397 39.7	90.680	181.360	272.040	362.720	453.401	544.081	634.761	725.441	816.121
398 39.8	90.452	180.904	271.357	361.809	452.261	542.713	633.165	723.618	814.070
399 39.9	90.226	180.451	270.677	360.902	451.128	541.353	631.679	721.804	812.030

km		10	20	30	40	50	60	70	80	90
	km	1	2	3	4	5	6	7	8	9
sec	sec									
400	40	90.000	180.000	270.000	360.000	450.000	540.000	630.000	720.000	810.000
401	40.1	89.776	179.551	269.327	359.102	448.876	538.653	628.429	718.204	807.980
402	40.2	89.522	179.104	268.657	358.209	447.761	537.313	626.865	716.418	805.970
403	40.3	89.330	178.660	267.990	357.320	446.650	535.980	625.310	714.640	803.970
404	40.4	89.109	178.218	267.327	356.436	445.545	534.653	623.762	712.871	801.980
405	40.5	88.889	177.778	266.667	355.556	444.444	533.333	622.222	711.110	799.999
406	40.6	88.670	177.340	266.010	354.680	443.350	532.019	620.689	709.359	798.029
407	40.7	88.452	176.904	265.356	353.808	442.260	530.712	619.164	707.616	796.068
408	40.8	88.235	176.470	264.706	352.941	441.176	529.411	617.646	705.882	794.117
409	40.9	88.020	176.039	264.059	352.078	440.098	528.117	616.137	704.156	792.176
410	41	87.805	175.610	263.414	351.219	439.024	526.829	614.634	702.438	790.243
411	41.1	87.591	175.182	262.774	350.365	437.956	525.547	613.138	700.730	788.321
412	41.2	87.378	174.757	262.135	349.513	436.892	524.270	611.648	699.026	786.405
413	41.3	87.167	174.334	261.501	348.668	435.835	523.002	610.169	697.336	784.503
414	41.4	86.957	173.913	260.870	347.827	434.784	521.740	608.697	695.654	782.610
415	41.5	86.747	173.493	260.240	346.987	433.734	520.480	607.227	693.974	780.720
416	41.6	86.538	173.077	259.615	346.154	432.692	519.230	605.769	692.307	778.846
417	41.7	86.331	172.662	258.993	345.324	431.655	517.985	604.316	690.647	776.978
418	41.8	86.124	172.249	258.373	344.498	430.622	516.746	602.871	688.995	775.120
419	41.9	85.919	171.838	257.756	343.675	429.594	515.513	601.432	687.350	773.269

II.

km	10	20	30	40	50	60	70	80	90
	km 1	2	3	4	5	6	7	8	9
sec	sec								
420	42	85.714	171.428	257.143	342.857	428.571	514.285	599.999	685.714	771.428
421	42.1	85.511	171.021	256.532	342.042	427.553	513.064	598.574	684.085	769.595
422	42.2	85.308	170.616	255.924	341.232	426.540	511.848	597.156	682.464	767.772
423	42.3	85.106	170.213	255.319	340.425	425.532	510.638	595.744	680.850	765.957
424	42.4	84.906	169.811	254.717	339.622	424.528	509.434	594.339	679.245	764.150
425	42.5	84.706	169.412	254.117	338.823	423.529	508.235	592.941	677.646	762.352
426	42.6	84.507	169.014	253.521	338.028	422.535	507.042	591.549	676.056	760.563
427	42.7	84.309	168.618	252.927	337.236	421.546	505.855	590.164	674.473	758.782
428	42.8	84.112	168.224	252.336	336.448	420.561	504.673	588.785	672.897	757.009
429	42.9	83.916	167.832	251.748	335.664	419.580	503.496	587.412	671.328	755.244
430	43	83.721	167.442	251.163	334.884	418.605	502.325	586.046	669.767	753.488
431	43.1	83.527	167.053	250.580	334.106	417.633	501.160	584.686	668.213	751.739
432	43.2	83.333	166.667	250.000	333.333	416.667	500.000	583.333	666.666	750.000
433	43.3	83.141	166.282	249.422	332.563	415.704	498.845	581.986	665.126	748.267
434	43.4	82.949	165.899	248.848	331.797	414.747	497.696	580.645	663.594	746.544
435	43.5	82.759	165.517	248.276	331.034	413.793	496.551	579.310	662.068	744.827
436	43.6	82.569	165.138	247.706	330.275	412.844	495.413	577.982	660.550	743.119
437	43.7	82.380	164.760	247.139	329.519	411.899	494.279	576.659	659.038	741.418
438	43.8	82.192	164.383	246.575	328.767	410.959	493.150	575.342	657.534	739.725
439	43.9	82.005	164.009	246.014	328.018	410.023	492.027	574.032	656.036	738.041

— 25 —

II.

km	10	20	30	40	50	60	70	80	90
km 1	2	3	4	5	6	7	8	9

sec	sec									
440	44	81.818	163.636	245.454	327.272	409.091	490.909	572.727	654.545	736.363
441	44.1	81.633	163.265	244.898	326.530	408.163	489.796	571.428	653.061	734.693
442	44.2	81.448	162.896	244.344	325.792	407.240	488.687	570.135	651.583	733.031
443	44.3	81.264	162.528	243.792	325.056	406.321	487.585	568.849	650.113	731.377
444	44.4	81.081	162.162	243.243	324.324	405.405	486.486	567.567	648.648	729.729
445	44.5	80.899	161.798	242.696	323.595	404.494	485.393	566.292	647.190	728.089
446	44.6	80.717	161.435	242.152	322.870	403.587	484.304	565.022	645.739	726.457
447	44.7	80.535	161.069	241.604	322.138	402.673	483.208	563.742	644.277	724.811
448	44.8	80.357	160.714	241.071	321.428	401.786	482.143	562.500	642.857	723.214
449	44.9	80.178	160.356	240.534	320.712	400.891	481.069	561.247	641.425	721.603
450	45	80.000	160.000	240.000	320.000	400.000	480.000	560.000	640.000	720.000
451	45.1	79.823	159.645	239.468	319.290	399.113	478.935	558.758	638.580	718.403
452	45.2	79.646	159.292	238.938	318.584	398.230	477.876	557.522	637.168	716.814
453	45.3	79.470	158.940	238.410	317.880	397.351	476.821	556.291	635.761	715.231
454	45.4	79.295	158.590	237.885	317.180	396.476	475.771	555.066	634.361	713.656
455	45.5	79.121	158.242	237.362	316.483	395.604	474.725	553.846	632.966	712.087
456	45.6	78.947	157.895	236.842	315.789	394.737	473.684	552.631	631.578	710.526
457	45.7	78.775	157.549	236.324	315.098	393.873	472.648	551.422	630.197	708.971
458	45.8	78.603	157.205	235.808	314.410	393.013	471.616	550.218	628.821	707.423
459	45.9	78.431	156.863	235.294	313.725	392.157	470.588	549.019	627.450	705.882

II.

km		10	20	30	40	50	60	70	80	90
	km	1	2	3	4	5	6	7	8	9
sec	sec									
460	46	78.261	156.522	234.782	313.043	391.304	469.565	547.826	626.086	704.347
461	46.1	78.091	156.182	234.273	312.364	390.456	468.547	546.638	624.729	702.820
462	46.2	77.922	155.844	233.766	311.688	389.610	467.532	545.454	623.376	701.298
463	46.3	77.754	155.507	233.261	311.015	388.769	466.522	544.276	622.030	699.783
464	46.4	77.586	155.172	232.759	310.345	387.931	465.517	543.103	620.690	698.276
465	46.5	77.419	154.839	232.258	309.677	387.097	464.516	541.935	619.354	696.774
466	46.6	77.253	154.506	231.760	309.013	386.266	463.519	540.772	618.026	695.279
467	46.7	77.088	154.175	231.263	308.351	385.439	462.526	539.614	616.702	693.789
468	46.8	76.923	153.846	230.769	307.692	384.615	461.538	538.461	615.384	692.307
469	46.9	76.759	153.518	230.277	307.036	383.795	460.554	537.313	614.072	690.831
470	47	76.596	153.191	229.787	306.383	382.979	459.574	536.170	612.766	689.361
471	47.1	76.433	152.866	229.299	305.732	382.166	458.599	535.032	611.465	687.898
472	47.2	76.271	152.542	228.813	305.084	381.356	457.627	533.898	610.169	686.440
473	47.3	76.110	152.220	228.330	304.440	380.550	456.559	532.769	608.879	684.989
474	47.4	75.949	151.899	227.848	303.797	379.747	455.696	531.645	607.594	683.544
475	47.5	75.789	151.579	227.368	303.158	378.947	454.736	530.526	606.315	682.105
476	47.6	75.630	151.260	226.891	302.521	378.151	453.781	529.411	605.042	680.672
477	47.7	75.472	150.943	226.415	301.886	377.358	452.830	528.301	603.773	679.244
478	47.8	75.314	150.628	225.941	301.255	376.569	451.883	527.197	602.510	677.824
479	47.9	75.157	150.313	225.470	300.626	375.783	450.939	526.096	601.252	676.409

II.

sec	sec	km 1	2	3	4	5	6	7	8	9
		km 10	20	30	40	50	60	70	80	90
480	48	75.000	150.000	225.000	300.000	375.000	450.000	525.000	600.000	675.000
481	48.1	74.844	149.688	224.532	299.376	374.220	449.108	523.908	598.752	673.596
482	48.2	74.689	149.377	224.066	298.755	373.444	448.132	522.821	597.510	672.198
483	48.3	74.534	149.068	223.602	298.136	372.671	447.205	521.739	596.273	670.807
484	48.4	74.380	148.760	223.140	297.520	371.901	446.281	520.661	595.041	669.421
485	48.5	74.227	148.453	222.680	296.907	371.134	445.360	519.587	593.814	668.040
486	48.6	74.074	148.148	222.222	296.296	370.370	444.444	518.518	592.592	666.666
487	48.7	73.922	147.844	221.766	295.688	369.610	443.531	517.473	591.375	665.297
488	48.8	73.770	147.541	221.311	295.082	368.852	442.622	516.393	590.163	663.934
489	48.9	73.620	147.239	220.859	294.478	368.098	441.718	515.337	588.957	662.576
490	49	73.469	146.939	220.408	293.877	367.347	440.816	514.285	587.754	661.224
491	49.1	73.320	146.639	219.959	293.279	366.599	439.918	513.238	586.558	659.877
492	49.2	73.171	146.341	219.512	292.683	365.854	439.024	512.195	585.366	658.536
493	49.3	73.022	146.045	219.067	292.089	365.112	438.134	511.156	584.178	657.201
494	49.4	72.874	145.749	218.623	291.498	364.372	437.246	510.121	582.995	655.871
495	49.5	72.727	145.454	218.182	290.909	363.636	436.363	509.090	581.818	654.545
496	49.6	72.581	145.161	217.742	290.322	362.903	435.484	508.064	580.645	653.225
497	49.7	72.435	144.869	217.304	289.738	362.173	434.608	507.042	579.477	651.911
498	49.8	72.289	144.578	216.867	289.156	351.446	433.735	506.024	578.313	650.602
499	49.9	72.144	144.288	216.433	288.577	360.721	432.865	505.009	577.154	649.298

km		10	20	30	40	50	60	70	80	90
	km	1	2	3	4	5	6	7	8	9
sec	sec									
500	50	72.000	144.000	216.000	288.000	360.000	432.000.	504.000	576.000	648.000
501	50.1	71.856	143.712	215.569	287.425	359.281	431.137	502.993	574.850	646.706
502	50.2	71.713	143.426	215.139	286.852	358.566	430.279	501.992	573.705	645.418
503	50.3	71.571	143.141	214.712	286.282	357.853	429.423	500.994	572.564	644.135
504	50.4	71.429	142.857	214.286	285.714	357.143	428.571	500.000	571.424	642.857
505	50.5	71.287	142.574	213.861	285.148	356.436	427.723	499.010	570.297	641.584
506	50.6	71.146	142.292	213.439	284.585	355.731	426.877	498.023	569.170	640.316
507	50.7	71.006	142.012	213.018	284.024	355.030	426.035	497.041	568.047	639.053
508	50.8	70.866	141.732	212.598	283.464	354.331	425.197	496.063	566.929	637.795
509	50.9	70.727	141.454	212.181	282.908	353.635	424.361	495.088	565.815	636.542
510	51	70.588	141.176	211.765	282.353	352.941	423.529	494.117	564.706	635.294
511	51.1	70.450	140.900	211.350	281.800	352.250	422.700	493.150	563.600	634.050
512	51.2	70.313	140.625	210.938	281.250	351.563	421.875	492.188	562.500	632.813
513	51.3	70.175	140.351	210.526	280.702	350.877	421.052	491.228	561.403	631.579
514	51.4	70.039	140.077	210.116	280.155	350.194	420.232	490.271	560.310	630.348
515	51.5	69.903	139.806	209.709	279.612	349.515	419.417	489.320	559.223	629.126
516	51.6	69.767	139.535	209.302	279.070	348.837	418.604	488.372	558.139	627.907
517	51.7	69.632	139.265	208.897	278.530	348.162	417.794	487.427	557.059	626.692
518	51.8	69.498	138.996	208.494	277.992	347.490	416.988	486.486	555.984	625.482
519	51.9	69.364	138.728	208.092	277.456	346.821	416.185	485.549	554.913	624.277

II.

sec	sec	km 10 / km 1	20 / 2	30 / 3	40 / 4	50 / 5	60 / 6	70 / 7	80 / 8	90 / 9
520	52	69.231	138.461	207.692	276.923	346.154	415.384	484.615	553.846	623.076
521	52.1	69.098	138.196	207.293	276.391	345.489	414.587	483.685	552.782	621.880
522	52.2	68.966	137.931	206.897	275.862	344.828	413.793	482.759	551.724	620.690
523	52.3	68.834	137.667	206.501	275.334	344.168	413.002	481.835	550.669	619.502
524	52.4	68.702	137.404	206.107	274.809	343.511	412.213	480.915	549.618	618.320
525	52.5	68.571	137.143	205.714	274.286	342.857	411.428	480.000	548.571	617.143
526	52.6	68.441	136.882	205.323	273.764	342.205	410.646	479.087	547.528	615.969
527	52.7	68.311	136.622	204.933	273.244	341.556	409.867	478.178	546.489	614.800
528	52.8	68.182	136.364	204.545	272.727	340.909	409.091	477.273	545.454	613.636
529	52.9	68.053	136.106	204.159	272.212	340.265	408.317	476.370	544.423	612.476
530	53	67.925	135.849	203.774	271.698	339.623	407.547	475.472	543.396	611.321
531	53.1	67.797	135.593	203.390	271.186	338.983	406.780	474.576	542.373	610.169
532	53.2	67.669	135.338	203.007	270.676	338.346	406.015	473.684	541.353	609.022
533	53.3	67.542	135.084	202.627	270.169	337.711	405.253	472.795	540.338	607.880
534	53.4	67.416	134.831	202.247	269.663	337.079	404.494	471.910	539.326	606.741
535	53.5	67.290	134.579	201.869	269.159	336.449	403.738	471.028	538.318	605.607
536	53.6	67.164	134.328	201.492	268.656	335.821	402.985	470.149	537.313	604.477
537	53.7	67.039	134.078	201.117	268.156	335.196	402.235	469.274	536.313	603.352
538	53.8	66.915	133.829	200.744	267.658	334.573	401.487	468.402	535.316	602.231
539	53.9	66.791	133.581	200.372	267.162	333.953	400.743	467.534	534.324	601.115

km		10	20	30	40	50	60	70	80	90
		km 1	2	3	4	5	6	7	8	9
sec	sec									
540	54	66.667	133.333	200.000	266.666	333.333	400.000	466.666	533.333	600.000
541	54.1	66.543	133.087	199.630	266.174	332.717	399.260	465.804	532.347	598.891
542	54.2	66.421	132.841	199.262	265.682	332.103	398.524	464.944	531.365	597.785
543	54.3	66.298	132.597	198.895	265.193	331.492	397.790	464.088	530.386	596.685
544	54.4	66.176	132.353	198.529	264.706	330.882	397.058	463.235	529.411	595.588
545	54.5	66.055	132.110	198.165	264.220	330.275	396.330	462.385	528.440	594.495
546	54.6	65.934	131.868	197.802	263.736	329.670	395.604	461.538	527.472	593.406
547	54.7	65.814	131.627	197.441	263.254	329.068	394.881	460.695	526.508	592.322
548	54.8	65.693	131.387	197.080	262.774	328.467	394.160	459.854	525.547	591.241
549	54.9	65.573	131.147	196.720	262.294	327.867	393.440	459.014	524.587	590.161
550	55	65.455	130.909	196.364	261.818	327.273	392.727	458.182	523.636	589.091
551	55.1	65.336	130.671	196.007	261.343	326.679	392.014	457.350	522.686	588.021
552	55.2	65.217	130.435	195.652	260.869	326.087	391.304	456.521	521.738	586.956
553	55.3	65.099	130.199	195.298	260.398	325.497	390.596	455.696	520.795	585.895
554	55.4	64.982	129.964	194.946	259.928	324.910	389.891	454.873	519.855	584.837
555	55.5	64.865	129.730	194.594	259.459	324.324	389.189	454.054	518.918	583.783
556	55.6	64.748	129.496	194.245	258.993	323.741	388.489	453.237	517.986	592.734
557	55.7	64.632	129.264	193.896	258.528	323.160	387.791	452.423	517.055	581.687
558	55.8	64.516	129.032	193.548	258.064	322.581	387.097	451.613	516.129	580.645
559	55.9	64.401	128.801	193.202	257.603	322.004	386.404	450.805	515.206	579.606

II.

sec	sec	km 10	20	30	40	50	60	70	80	90
		km 1	2	3	4	5	6	7	8	9
560	56	64.286	128.571	192.857	257.143	321.429	385.714	450.000	514.286	578.571
561	56.1	64.171	128.342	192.513	256.684	320.856	385.027	449.198	513.369	577.540
562	56.2	64.057	128.114	192.171	256.228	320.285	384.341	448.398	512.455	576.512
563	56.3	63.943	127.886	191.829	255.772	319.716	383.659	447.602	511.545	575.488
564	56.4	63.830	127.659	191.489	255.319	319.149	382.978	446.808	510.638	574.467
565	56.5	63.717	127.434	191.150	254.867	318.584	382.301	446.018	509.734	573.451
566	56.6	63.604	127.208	190.813	254.417	318.021	381.625	445.229	508.834	572.438
567	56.7	63.492	126.984	190.476	253.968	317.460	380.952	444.444	507.936	571.428
568	56.8	63.380	126.760	190.141	253.521	316.901	380.281	443.661	507.042	570.422
569	56.9	63.269	126.538	189.806	253.075	316.344	379.613	442.882	506.150	569.419
570	57	63.158	126.316	189.473	252.631	315.789	378.947	442.105	505.262	568.420
571	57.1	63.047	126.094	189.142	252.189	315.236	378.283	441.330	504.378	567.425
572	57.2	62.937	125.874	188.811	251.748	314.685	377.622	440.559	503.496	566.433
573	57.3	62.827	125.654	188.482	251.309	314.136	376.963	439.790	502.618	565.445
574	57.4	62.718	125.435	188.153	250.871	313.589	376.306	439.024	501.742	564.459
575	57.5	62.609	125.217	187.826	250.434	313.043	375.652	438.260	500.869	563.477
576	57.6	62.500	125.000	187.500	250.000	312.500	375.000	437.500	500.000	562.500
577	57.7	62.392	124.783	187.175	249.566	311.959	374.350	436.741	499.133	561.524
578	57.8	62.284	124.567	186.851	249.135	311.419	373.702	435.986	498.270	560.553
579	57.9	62.176	124.352	186.528	248.704	310.881	373.057	435.233	497.409	559.585

km		10	20	30	40	50	60	70	80	90
	km	1	2	3	4	5	6	7	8	9
sec	sec									
580	58	62.069	124.138	186.207	248.276	310.345	372.413	434.482	496.551	558.620
581	58,1	61.962	123.924	185.886	247.848	309.811	371.773	433.735	495.697	557.659
582	58.2	61.856	123.711	185.567	247.422	309.278	371.134	432.989	494.845	556.700
583	58.3	61.749	123.498	185.246	246.995	308.744	370.493	432.242	493.990	555.739
584	58.4	61.644	123.288	184.931	246.575	308.219	369.863	431.507	493.150	554.794
585	58.5	61.538	123.077	184.615	246.154	307.692	369.230	430.769	492.307	553.846
586	58.6	61.433	122.867	184.300	245.734	307.167	368.600	430.034	491.467	552.901
587	58.7	61.329	122.657	183.986	245.315	306.644	367.972	429.301	490.630	551.958
588	58.8	61.224	122.449	183.673	244.898	306.122	367.346	428.571	489.795	551.020
589	58.9	61.121	122.241	183.362	244.482	305.603	366.723	427.844	488.964	550.085
590	59	61.017	122.034	183.051	244.068	305.085	366.101	427.118	488.135	549.152
591	59.1	60.914	121.827	182.741	243.655	304.569	365.482	426.396	487.310	548.223
592	59.2	60.811	121.622	182.432	243.243	304.054	364.865	425.646	486.486	547.297
593	59.3	60.708	121.416	182.125	242.833	303.541	364.249	424.957	485.666	546.374
594	59.4	60.606	121.212	181.818	242.424	303.030	363.636	424.242	484.848	545.454
595	59.5	60.504	121.008	181.513	242.017	302.521	363.025	423.529	484.034	544.538
596	59.6	60.403	120.805	181.208	241.610	302.013	362.416	422.818	483.221	543.623
597	59.7	60.302	120.603	180.905	241.206	301.508	361.809	422.111	482.412	542.714
598	59.8	60.201	120.401	180.602	240.802	301.003	361.204	421.404	481.605	541.805
599	59.9	60.100	120.200	180.300	240.400	300.501	360.601	420.701	480.801	540.901

5

km		10	20	30	40	50	60	70	80	90
	km	1	2	3	4	5	6	7	8	9
sec	sec									
600	60	60.000	120.000	180.000	240.000	300.000	360.000	420.000	480.000	540.000
601	60.1	59.900	119.800	179.700	239.600	299.501	359.401	419.301	479.201	539.101
602	60.2	59.801	119.601	179.402	239.202	299.003	358.804	418.604	478.405	538.205
603	60.3	59.701	119.403	179.104	238.806	298.507	358.208	417.910	477.611	537.313
604	60.4	59.603	119.205	178.808	238.410	298.013	357.616	417.218	476.821	536.423
605	60.5	59.504	119.008	178.512	238.016	297.521	357.025	416.529	476.033	535.537
606	60.6	59.406	118.812	178.218	237.624	297.030	356.435	415.841	475.247	534.653
607	60.7	59.308	118.616	177.924	237.232	296.540	355.848	415.156	474.464	533.772
608	60.8	59.211	118.421	177.632	236.842	296.053	355.263	414.474	473.684	532.895
609	60.9	59.113	118.227	177.340	236.453	295.567	354.680	413.793	472.906	532.019
610	61	59.016	118.033	177.049	236.065	295.082	354.098	413.114	472.130	531.147
611	61.1	58.920	117.840	176.759	235.679	294.599	353.519	412.439	471.358	530.278
612	61.2	58.824	117.647	176.471	235.294	294.118	352.941	411.765	470.588	529.412
613	61.3	58.728	117.455	176.183	234.910	293.638	352.365	411.093	469.820	528.548
614	61.4	58.632	117.264	175.896	234.528	293.160	351.791	410.423	469.055	527.687
615	61.5	58.537	117.073	175.610	234.146	292.683	351.219	409.756	468.292	526.829
616	61.6	58.442	116.883	175.325	233.766	292.208	350.649	409.091	467.532	525.974
617	61.7	58.347	116.694	175.040	233.387	291.734	350.081	408.428	466.774	525.121
618	61.8	58.252	116.505	174.757	233.010	291.262	349.514	407.767	466.019	524.272
619	61.9	58.158	116.317	174.475	232.633	290.792	348.950	407.108	465.266	523.425

II.

km		10	20	30	40	50	60	70	80	90
	km	1	2	3	4	5	6	7	8	9
sec	sec									
620	62	58.065	116.129	174.194	232.258	290.323	348.387	406.452	464.516	522.581
621	62.1	57.971	115.942	173.913	231.884	289.855	347.826	405.797	463.768	521.739
622	62.2	57.878	115.756	173.633	231.511	289.389	347.267	405.145	463.022	520.900
623	62.3	57.785	115.570	173.355	231.140	288.925	346.709	404.494	462.279	520.064
624	62.4	57.692	115.385	173.077	230.769	288.462	346.154	403.846	461.538	519.231
625	62.5	57.600	115.200	172.800	230.400	288.000	345.600	403.200	460.800	518.400
626	62.6	57.508	115.016	172.524	230.032	287.540	345.047	402.555	460.063	517.571
627	62.7	57.416	114.832	172.249	229.665	287.081	344.497	401.913	459.330	516.746
628	62.8	57.325	114.650	171.974	229.299	286.624	343.949	401.274	458.598	515.923
629	62.9	57.234	114.467	171.701	228.935	286.169	343.402	400.636	457.870	515.103
630	63	57.143	114.286	171.428	228.571	285.714	342.857	400.000	457.142	514.285
631	63.1	57.052	114.104	171.157	228.209	285.261	342.313	399.365	456.418	513.470
632	63.2	56.962	113.924	170.886	227.848	284.810	341.772	398.734	455.696	512.658
633	63.3	56.872	113.744	170.616	227.488	284.360	341.232	398.104	454.976	511.848
634	63.4	56.782	113.565	170.347	227.129	283.912	340.694	397.476	454.258	511.041
635	63.5	56.693	113.386	170.079	226.772	283.465	340.157	396.850	453.543	510.236
636	63.6	56.604	113.207	169.811	226.415	283.019	339.622	396.226	452.830	509.433
637	63.7	56.515	113.030	169.545	226.060	282.575	339.089	395.604	452.119	508.634
638	63.8	56.426	112.853	169.279	225.705	282.132	338.558	394.984	451.410	507.837
639	63.9	56.338	112.676	169.014	225.352	281.690	338.028	394.366	450.704	507.042

II.

km		10	20	30	40	50	60	70	80	90
	km	1	2	3	4	5	6	7	8	9
sec	sec									
640	64	56.250	112.500	168.750	225.000	281.250	337.500	393.750	450.000	506.250
641	64.1	56.162	112.324	168.487	224.649	280.811	336.973	393.135	449.298	505.460
642	64.2	56.075	112.149	168.224	224.299	280.374	336.448	392.523	448.598	504.672
643	64.3	55.988	111.975	167.963	223.950	279.938	335.925	391.913	447.900	503.888
644	64.4	55.901	111.801	167.702	223.602	279.503	335.404	391.304	447.205	503.105
645	64.5	55.814	111.628	167.442	223.256	279.070	334.883	390.697	446.511	502.325
646	64.6	55.728	111.455	167.183	222.910	278.638	334.365	390.093	445.820	501.548
647	64.7	55.641	111.283	166.924	222.566	278.207	333.848	389.490	445.131	500.773
648	64.8	55.556	111.111	166.667	222.222	277.778	333.333	388.889	444.444	500.000
649	64.9	55.470	110.940	166.409	221.879	277.349	332.819	388.289	443.758	499.228
650	65	55.385	110.769	166.154	221.538	276.923	332.308	387.692	443.077	498.461
651	65.1	55.300	110.599	165.899	221.198	276.498	331.797	387.097	442.396	497.696
652	65.2	55.215	110.429	165.644	220.859	276.074	331.288	386.503	441.718	496.932
653	65.3	55.130	110.260	165.390	220.520	275.651	330.781	385.911	441.041	496.171
654	65.4	55.046	110.092	165.137	220.183	275.229	330.275	385.321	440.366	495.412
655	65.5	54.947	109.893	164.840	219.786	274.733	329.679	384.626	439.572	494.519
656	65.6	54.878	109.756	164.634	219.512	274.390	329.268	384.146	439.024	493.902
657	65.7	54.794	109.589	164.383	219.178	273.972	328.766	383.561	438.355	493.150
658	65.8	54.711	109.422	164.134	218.845	273.556	328.267	382.978	437.690	492.401
659	65.9	54.628	109.256	163.885	218.513	273.141	327.769	382.397	437.026	491.654

km		10	20	30	40	50	60	70	80	90
	km	1	2	3	4	5	6	7	8	9
sec	sec									
660	66	54.545	109.091	163.636	218.182	272.727	327.272	381.818	436.363	490.909
661	66.1	54.463	108.926	163.389	217.852	272.315	326.777	381.240	435.703	490.166
662	66.2	54.381	108.762	163.142	217.523	271.904	326.285	380.666	435.046	489.427
663	66.3	54.299	108.597	162.896	217.194	271.493	325.792	380.090	434.389	488.687
664	66.4	54.217	108.434	162.650	216.867	271.084	325.301	379.518	433.734	487.951
665	66.5	54.135	108.271	162.410	216.541	270.677	324.812	378.947	433.082	487.208
666	66.6	54.054	108.108	162.162	216.216	270.270	324.324	378.378	432.432	486.486
667	66.7	53.973	107.947	161.920	215.894	269.867	323.840	377.814	431.787	485.761
668	66.8	53.892	107.784	161.677	215.569	269.461	323.353	377.245	431.138	485.030
669	66.9	53.812	107.623	161.435	215.246	269.058	322.870	376.681	430.493	484.304
670	67	53.731	107.463	161.194	214.925	268.657	322.388	376.119	429.850	483.582
671	67.1	53.651	107.302	160.954	214.605	268.256	321.907	375.558	429.210	482.861
672	67.2	53.571	107.143	160.714	214.286	267.857	321.428	375.000	428.571	482.143
673	67.3	53.492	106.984	160.475	213.967	267.459	320.951	374.443	427.934	481.426
674	67.4	53.412	106.825	160.237	213.650	267.062	320.474	373.887	427.299	480.712
675	67.5	53.333	106.667	160.000	213.333	266.667	320.000	373.333	426.666	480.000
676	67.6	53.254	106.509	159.763	213.018	266.272	319.526	372.781	426.035	479.290
677	67.7	53.176	106.351	159.527	212.703	265.879	319.054	372.230	425.406	478.581
678	67.8	53.097	106.195	159.292	212.389	265.487	318.584	371.681	424.778	477.876
679	67.9	53.019	106.038	159.057	212.076	265.096	318.115	371.134	424.153	477.172

6

km		10	20	30	40	50	60	70	80	90
	km	1	2	3	4	5	6	7	8	9
sec	sec									
680	68	52.941	105.882	158.823	211.764	264.706	317.647	370.588	423.529	476.470
681	68.1	52.863	105.727	158.590	211.454	264.317	317.180	370.044	422.907	475.771
682	68.2	52.786	105.572	158.358	211.144	263.930	316.715	369.501	422.287	475.073
683	68.3	52.708	105.416	158.124	210.832	263.541	316.249	368.957	421.665	474.373
684	68.4	52.632	105.263	157.895	210.526	263.158	315.789	368.421	421.052	473.684
685	68.5	52.555	105.109	157.664	210.219	262.774	315.328	367.883	420.438	472.992
686	68.6	52.478	104.956	157.434	209.912	262.391	314.869	367.347	419.825	472.303
687	68.7	52.402	104.803	157.205	209.607	262.009	314.410	366.812	419.214	471.615
688	68.8	52.326	104.651	156.977	209.302	261.628	313.953	366.279	418.604	470.930
689	68.9	52.250	104.499	156.749	208.998	261.248	313.498	365.747	417.997	470.246
690	69	52.174	104.348	156.522	208.696	260.870	313.043	365.217	417.391	469.565
691	69.1	52.098	104.197	156.295	208.394	260.492	312.590	364.689	416.787	468.886
692	69.2	52.023	104.046	156.069	208.092	260.116	312.139	364.162	416.185	468.208
693	69.3	51.948	103.896	155.844	207.792	259.740	311.688	363.636	415.584	467.532
694	69.4	51.873	103.746	155.619	207.492	259.366	311.239	363.112	414.985	466.858
695	69.5	51.799	103.597	155.396	207.194	258.993	310.791	362.590	414.388	466.187
696	69.6	51.724	103.448	155.172	206.896	258.621	310.345	362.069	413.793	465.517
697	69.7	51.650	103.300	154.950	206.600	258.250	309.899	361.549	413.199	464.849
698	69.8	51.576	103.152	154.728	206.304	257.880	309.455	361.031	412.607	464.183
699	69.9	51.502	103.004	154.506	206.008	257.511	309.013	360.515	412.017	463.519

II.

sec	sec	km	10	20	30	40	50	60	70	80	90
		km 1	2	3	4	5	6	7	8	9
700	70	51.429	102.857	154.286	205.714	257.143	308.571	360.000	411.428	462.857
701	70.1	51.355	102.710	154.066	205.421	256.776	308.131	359.486	410.842	462.197
702	70.2	51.282	102.564	153.846	205.128	256.410	307.692	358.974	410.256	461.538
703	70.3	51.209	102.418	153.627	204.836	256.046	307.255	358.464	409.673	460.882
704	70.4	51.136	102.273	153.409	204.545	255.682	306.818	357.954	409.090	460.227
705	70.5	51.064	102.128	153.191	204.255	255.319	306.383	357.447	408.510	459.574
706	70.6	50.992	101.983	152.975	203.966	254.958	305.949	356.941	407.932	458.924
707	70.7	50.919	101.839	152.758	203.677	254.597	305.516	356.435	407.354	458.274
708	70.8	50.847	101.695	152.542	203.390	254.237	305.084	355.932	406.779	457.627
709	70.9	50.776	101.551	152.327	203.103	253.879	304.654	355.430	406.206	456.981
710	71	50.704	101.408	152.113	202.817	253.521	304.225	354.929	405.634	456.338
711	71.1	50.633	101.265	151.898	202.531	253.164	303.796	354.429	405.062	455.694
712	71.2	50.562	101.123	151.685	202.247	252.809	303.370	353.932	404.494	455.055
713	71.3	50.491	100.982	151.472	201.963	252.454	302.945	353.436	403.926	454.417
714	71.4	50.420	100.840	151.260	201.680	252.101	302.521	352.941	403.361	453.781
715	71.5	50.350	100.699	151.049	201.398	251.748	302.098	352.447	402.797	453.146
716	71.6	50.279	100.559	150.838	201.117	251.397	301.676	351.955	402.234	452.514
717	71.7	50.209	100.418	150.628	200.837	251.046	301.255	351.464	401.674	451.883
718	71.8	50.139	100.278	150.418	200.557	250.696	300.835	350.974	401.114	451.253
719	71.9	50.070	100.139	150.209	200.278	250.348	300.417	350.487	400.556	450.626

11.

km		10	20	30	40	50	60	70	80	90
	km 1		2	3	4	5	6	7	8	9
sec	sec									
720	72	50.000	100.000	150.000	200.000	250.000	300.000	350.000	400.000	450.000
721	72.1	49.931	99.861	149.792	199.722	249.653	299.584	349.514	399.445	449.375
722	72.2	49.861	99.723	149.584	199.446	249.307	299.168	349.030	398.891	448.753
723	72.3	49.793	99.585	149.378	199.170	248.963	298.755	348.548	398.340	448.133
724	72.4	49.724	99.447	149.171	198.895	248.619	298.342	348.066	397.790	447.513
725	72.5	49.655	99.310	148.965	198.620	248.276	297.931	347.586	397.241	446.896
726	72.6	49.587	99.173	148.760	198.347	247.934	297.520	347.107	396.694	446.280
727	72.7	49.519	99.037	148.556	198.074	247.593	297.111	346.630	396.148	445.667
728	72.8	49.451	98.901	148.352	197.802	247.253	296.703	346.154	395.604	445.055
729	72.9	49.382	98.765	148.147	197.529	246.912	296.294	345.676	395.058	444.441
730	73	49.315	98.630	147.945	197.260	246.575	295.890	345.205	394.520	443.835
731	73.1	49.248	98.495	147.743	196.990	246.238	295.486	344.733	393.981	443.228
732	73.2	49.180	98.361	147.541	196.721	245.902	295.082	344.262	393.442	442.623
733	73.3	49.113	98.226	147.340	196.453	245.566	294.679	343.792	392.906	442.019
734	73.4	49.046	98.093	147.139	196.185	245.232	294.278	343.324	392.370	441.397
735	73.5	48.980	97.959	146.939	195.918	244.898	293.877	342.857	391.836	440.816
736	73.6	48.913	97.826	146.739	195.652	244.565	293.478	342.391	391.304	440.217
737	73.7	48.847	97.693	146.540	195.386	244.233	293.080	341.926	390.773	439.619
738	73.8	48.780	97.561	146.341	195.122	243.902	292.682	341.463	390.243	439.024
739	73.9	48.714	97.429	146.143	194.858	243.572	292.286	341.001	389.715	438.430

ll.

km		10	20	30	40	50	60	70.	80	90
		km 1	2	3	4	5	6	7	8	9
sec	sec									
740	74	48.649	97.297	145.946	194.594	243.243	291.892	340.540	389.189	437.837
741	74.1	48.583	97.166	145.749	194.332	242.915	291.497	340.080	388.663	437.246
742	74.2	48.518	97.035	145.553	194.070	242.588	291.105	339.623	388.140	436.658
743	74.3	48.452	96.904	145.357	193.809	242.261	290.713	339.165	387.618	436.070
744	74.4	48.387	96.774	145.161	193.548	241.935	290.322	338.709	387.096	435.483
745	74.5	48.322	96.644	144.966	193.288	241.611	289.933	338.255	386.577	434.899
746	74.6	48.257	96.515	144.772	193.029	241.287	289.544	337.801	386.058	434.316
747	74.7	48.193	96.385	144.578	192.771	240.964	289.156	337.349	385.542	433.734
748	74.8	48.128	96.257	144.385	192.513	240.642	288.770	336.898	385.026	433.155
749	74.9	48.064	96.128	144.192	192.256	240.320	288.384	336.448	384.512	432.576
750	75	48.000	96.000	144.000	192.000	240.000	288.000	336.000	384.000	432.000
751	75.1	47.936	95.872	143.808	191.744	239.680	287.616	335.552	383.488	431.424
752	75.2	47.872	95.745	143.617	191.489	239.362	287.234	335.106	382.978	430.851
753	75.3	47.809	95.617	143.426	.191.235	239.044	286.852	334.661	382.470	430.278
754	75.4	47.745	95.491	143.236	190.981	238.727	286.472	334.217	381.962	429.708
755	75.5	47.682	95.364	143.046	190.728	238.411	286.093	333.775	381.457	429.139
756	75.6	47.619	95.238	142.857	190.476	238.095	285.714	333.333	380.952	428.571
757	75.7	47.556	95.112	142.668	190.224	237.781	285.337	332.893	380.449	428.005
758	75.8	47.493	94.987	142.480	189.974	237.467	284.960	332.454	379.947	427.441
759	75.9	47.431	94.862	142.292	189.723	237.154	284.585	332.016	379.446	426.877

km		10	20	30	40	50	60	70	80	90
	km 1		2	3	4	5	6	7	8	9
sec	sec									
760	76	47.368	94.737	142.105	189.474	236.842	284.210	331.579	378.947	426.316
761	76.1	47.306	94.612	141.918	189.224	236.531	283.837	331.143	378.449	425.755
762	76.2	47.244	94.488	141.732	188.976	236.220	283.464	330.708	377.952	425.196
763	76.3	47.182	94.364	141.546	188.728	235.911	283.093	330.275	377.457	424.639
764	76.4	47.120	94.241	141.361	188.482	235.602	282.722	329.843	376.963	424.084
765	76.5	47.059	94.118	141.176	188.235	235.294	282.353	329.412	376.470	423.529
766	76.6	46.997	93.995	140.992	187.989	234.987	281.984	328.981	375.978	422.976
767	76.7	46.936	93.872	140.808	187.744	234.681	281.617	328.553	375.489	422.424
768	76.8	46.875	93.750	140.625	187.500	234.375	281.250	328.125	375.000	421.875
769	76.9	46.814	93.628	140.442	187.256	234.070	280.884	327.698	374.512	421.326
770	77	46.753	93.506	140.260	187.013	233.766	280.519	327.272	374.026	420.779
771	77.1	46.693	93.385	140.078	186.770	233.463	280.156	326.841	373.541	420.233
772	77.2	46.632	93.264	139.896	186.528	233.161	279.793	326.425	373.057	419.689
773	77.3	46.572	93.143	139.715	186.287	232.859	279.430	326.002	372.574	419.145
774	77.4	46.512	93.023	139.535	186.046	232.558	279.069	325.581	372.092	418.604
775	77.5	46.452	92.803	139.355	185.806	232.258	278.710	325.161	371.613	418.064
776	77.6	46.392	92.783	139.175	185.567	231.959	278.350	324.742	371.134	417.525
777	77.7	46.332	92.664	138.996	185.328	231.660	277.992	324.324	370.656	416.988
778	77.8	46.272	92.545	138.817	185.090	231.362	277.634	323.907	370.179	416.452
779	77.9	46.213	92.426	138.639	184.852	231.065	277.278	323.491	369.704	415.917

II.

sec	sec	km	10	20	30	40	50	60	70	80	90
		km 1	2	3	4	5	6	7	8	9
780	78	46.154	92.308	138.461	184.615	230.769	276.923	323.077	369.230	415.384
781	78.1	46.095	92.189	138.284	184.379	230.474	276.568	322.663	368.758	414.852
782	78.2	46.036	92.072	138.107	184.143	230.179	276.215	322.251	368.286	414.322
783	78.3	45.977	91.954	137.931	183.898	229.885	275.862	321.839	367.816	413.803
784	78.4	45.918	91.837	137.755	183.673	229.592	275.510	321.428	367.346	413.265
785	78.5	45.860	91.720	137.579	183.439	229.299	275.159	321.019	366.878	412.738
786	78.6	45.802	91.603	137.405	183.206	229.008	274.809	320.611	366.412	412.214
787	78.7	45.743	91.487	137.230	182.973	228.717	274.460	320.203	365.946	411.690
788	78.8	45.685	91.370	137.056	182.741	228.426	274.111	319.796	365.482	411.167
789	78.9	45.627	91.255	136.882	182.509	228.137	273.764	319.391	365.018	410.646
790	79	45.570	91.139	136.709	182.278	227.848	273.418	318.987	364.557	410.226
791	79.1	45.512	91.024	136.536	182.048	227.560	273.072	318.584	364.096	409.608
792	79.2	45.455	90.909	136.364	181.818	227.273	272.727	318.182	363.636	409.091
793	79.3	45.397	90.794	136.192	181.589	226.986	272.383	317.780	363.178	408.575
794	79.4	45.340	90.680	136.020	181.360	226.700	272.040	317.380	362.720	408.060
795	79.5	45.283	90.566	135.849	181.132	226.415	271.698	316.981	362.264	407.547
796	79.6	45.226	90.452	135.678	180.904	226.131	271.357	316.583	361.809	407.035
797	79.7	45.169	90.339	135.508	180.677	225.847	271.016	316.185	361.354	406.524
798	79.8	45.113	90.225	135.338	180.451	225.564	270.676	315.789	360.902	406.014
799	79.9	45.056	90.113	135.169	180.225	225.282	270.338	315.394	360.450	405.507

II.

sec	sec	km 10 / 1	20 / 2	30 / 3	40 / 4	50 / 5	60 / 6	70 / 7	80 / 8	90 / 9
800	80	45.000	90.000	135.000	180.000	225.000	270.000	315.000	360.000	405.000
801	80.1	44.944	89.887	134.831	179.775	224.719	269.663	314.607	359.550	404.494
802	80.2	44.888	89.775	134.663	179.551	224.439	269.326	314.214	359.102	403.989
803	80.3	44.832	89.664	134.495	179.327	224.159	268.991	313.823	358.654	403.486
804	80.4	44.776	89.552	134.328	179.104	223.881	268.657	313.433	358.209	402.985
805	80.5	44.720	89.440	134.160	178.880	223.600	268.320	313.040	357.760	402.480
806	80.6	44.665	89.330	133.995	178.660	223.325	267.990	312.655	357.320	401.985
807	80.7	44.610	89.219	133.829	178.438	223.048	267.658	312.267	356.877	401.486
808	80.8	44.554	89.109	133.663	178.218	222.772	267.326	311.881	356.435	400.990
809	80.9	44.499	88.999	133.498	177.997	222.497	266.996	311.495	355.994	400.494
810	81	44.444	88.889	133.333	177.778	222.222	266.666	311.111	355.555	400.000
811	81.1	44.390	88.779	133.169	177.558	221.948	266.338	310.737	355.117	399.506
812	81.2	44.335	88.670	133.005	177.340	221.675	266.009	310.344	354.679	399.014
813	81.3	44.280	88.561	132.841	177.122	221.402	265.682	309.963	354.243	398.524
814	81.4	44.226	88.452	132.678	176.904	221.130	265.356	309.582	353.808	398.034
815	81.5	44.172	88.343	132.515	176.487	220.859	265.030	309.202	353.374	397.545
816	81.6	44.118	88.235	132.353	176.470	220.588	264.706	308.823	352.941	397.058
817	81.7	44.064	88.127	132.191	176.254	220.318	264.382	308.445	352.509	396.572
818	81.8	44.010	88.019	132.029	176.039	220.049	264.058	308.068	352.078	396.087
819	81.9	43.956	87.912	131.868	175.824	219.780	263.736	307.692	351.648	395.604

km		10	20	30	40	50	60	70	80	90
		km 1	2	3	4	5	6	7	8	9
sec	sec									
820	82	43.902	87.805	131.707	175.610	219.512	263.414	307.317	351.219	395.122
821	82.1	43.849	87.698	131.547	175.396	219.245	263.093	306.942	350.791	394.640
822	82.2	43.796	87.591	131.387	175.182	218.978	262.774	306.569	350.365	394.160
823	82.3	43.742	87.485	131.227	174.970	218.712	262.454	306.197	349.939	393.682
824	82.4	43.689	87.379	131.068	174.757	218.447	262.136	305.825	349.514	393.204
825	82.5	43.636	87.273	130.909	174.545	218.182	261.818	305.454	349.090	392.727
826	82.6	43.584	87.167	130.751	174.334	217.918	261.501	305.085	348.668	392.252
827	82.7	43.531	87.062	130.592	174.123	217.654	261.185	304.716	348.246	391.777
828	82.8	43.478	86.956	130.435	173.913	217.391	260.869	304.347	347.826	391.304
829	82.9	43.426	86.852	130.277	173.703	217.129	260.555	303.981	347.406	390.832
830	83	43.373	86.747	130.120	173.494	216.867	260.240	303.614	346.987	390.361
831	83.1	43.321	86.642	129.964	173.285	216.606	259.927	303.248	346.570	389.891
832	83.2	43.269	86.538	129.808	173.077	216.346	259.615	302.884	346.154	389.423
833	83.3	43.217	86.434	129.652	172.869	216.086	259.303	302.520	345.738	388.955
834	83.4	43.165	86.331	129.496	172.662	215.827	258.992	302.158	345.323	388.489
835	83.5	43.114	86.227	129.341	172.455	215.569	258.682	301.796	344.910	388.023
836	83.6	43.062	86.124	129.187	172.249	215.311	258.373	301.435	344.498	387.560
837	83.7	43.011	86.021	129.032	172.043	215.054	258.064	301.075	344.086	387.096
838	83.8	42.959	85.919	128.878	171.838	214.797	257.756	300.716	343.675	386.635
839	83.9	42.908	85.816	128.725	171.633	214.541	257.449	300.357	343.266	386.174

— 45 —

II.

km		10	20	30	40	50	60	70	80	90
	km	1	2	3	4	5	6	7	8	9
sec	sec									
840	84	42.857	85.714	123.571	171.428	214.286	257.143	300.000	342.857	385.714
841	84.1	42.806	85.612	128.418	171.224	214.031	256.837	299.643	342.449	385.255
842	84.2	42.755	85.511	128.266	171.021	213.777	256.532	299.287	342.042	384.798
843	84.3	42.705	85.409	128.114	170.818	213.523	256.228	298.932	341.637	384.341
844	84.4	42.654	85.308	127.962	170.616	213.270	255.924	298.578	341.232	383.886
845	84.5	42.604	85.207	127.811	170.414	213.018	255.621	298.225	340.828	383.432
846	84.6	42.553	85.106	127.659	170.212	212.766	255.319	297.872	340.425	382.978
847	84.7	42.503	85.006	127.509	170.012	212.515	255.017	297.520	340.023	382.526
848	84.8	42.453	84.906	127.358	169.811	212.264	254.717	297.170	339.622	382.075
849	84.9	42.403	84.806	127.208	169.611	212.014	254.417	296.820	339.222	381.625
850	85	42.353	84.706	127.059	169.412	211.765	254.117	296.470	338.823	381.176
851	85.1	42.303	84.606	126.909	169.212	211.516	253.819	296.122	338.425	380.728
852	85.2	42.254	84.507	126.761	169.014	211.268	253.521	295.775	338.028	380.282
853	85.3	42.204	84.408	126.613	168.817	211.021	253.225	295.429	337.634	379.838
854	85.4	42.155	84.309	126.464	168.618	210.773	252.927	295.082	337.236	379.391
855	85.5	42.105	84.210	126.316	168.421	210.526	252.631	294.736	336.842	378.947
856	85.6	42.056	84.112	126.168	168.224	210.280	252.336	294.392	336.448	378.504
857	85.7	42.007	84.014	126.021	168.028	210.035	252.042	294.049	336.056	378.063
858	85.8	41.958	83.916	125.874	167.832	209.790	251.748	293.706	335.664	377.622
859	85.9	41.909	83.818	125.727	167.636	209.546	251.455	293.364	335.273	377.182

km		10	20	30	40	50	60	70	80	90
	km	1	2	3	4	5	6	7	8	9
sec	sec									
860	86	41.860	83.721	125.581	167.442	209.302	251.162	293.023	334.883	376.744
861	86.1	41.812	83.624	125.435	167.247	209.059	250.871	292.683	334.494	376.206
862	86.2	41.763	83.527	125.290	167.053	208.817	250.580	292.343	334.106	375.870
863	86.3	41.715	83.430	125.145	166.860	208.575	250.289	292.004	333.719	375.434
864	86.4	41.667	83.333	125.000	166.666	208.333	250.000	291.666	333.223	374.999
865	86.5	41.618	83.237	124.855	166.473	208.092	249.710	291.339	332.947	374.566
866	86.6	41.570	83.141	124.711	166.282	207.852	249.422	290.993	332.563	374.134
867	86.7	41.522	83.045	124.567	166.090	207.612	249.134	290.657	332.179	373.702
868	86.8	41.475	82.949	124.424	165.898	207.373	248.848	290.322	331.797	373.271
869	86.9	41.427	82.854	124.281	165.708	207.135	248.561	289.988	331.415	372.842
870	87	41.379	82.759	124.138	165.517	206.897	248.276	289.655	331.034	372.414
871	87.1	41.332	82.664	123.995	165.327	206.659	247.991	289.323	330.654	371.986
872	87.2	41.284	82.569	123.853	165.138	206.422	247.706	288.991	330.275	371.560
873	87.3	41.237	82.474	123.711	164.948	206.186	247.423	288.660	329.897	371.134
874	87.4	41.190	82.380	123.570	164.760	205.950	247.139	288.329	329.519	370.709
875	87.5	41.143	82.286	123.428	164.571	205.714	246.857	288.000	329.142	370.285
876	87.6	41.096	82.192	123.287	164.383	205.479	246.575	287.671	328.766	369.862
877	87.7	41.049	82.098	123.147	164.196	205.245	246.294	287.343	328.392	369.441
878	87.8	41.002	82.004	123.006	164.008	205.010	246.012	287.014	328.016	369.018
879	87.9	40.956	81.911	122.867	163.822	204.778	245.734	286.689	327.645	368.600

II.

km		10	20	30	40	50	60	70	80	90
	km	1	2	3	4	5	6	7	8	9
sec	sec									
880	88	40.909	81.818	122.727	163.636	204.545	245.545	286.363	327.272	368.181
881	88.1	40.863	81.725	122.588	163.450	204.313	245.176	286.038	326.901	367.763
882	88.2	40.816	81.633	122.449	163.265	204.082	244.898	285.714	326.530	367.347
883	88.3	40.770	81.540	122.310	163.080	203.850	244.620	285.390	326.160	366.930
884	88.4	40.724	81.448	122.172	162.896	203.620	244.343	285.067	325.791	366.515
885	88.5	40.678	81.356	122.034	162.712	203.390	244.067	284.745	325.423	366.101
886	88.6	40.632	81.264	121.896	162.528	203.160	243.792	284.424	325.056	365.688
887	88.7	40.586	81.172	121.759	162.345	202.931	243.517	284.103	324.690	365.276
888	88.8	40.541	81.081	121.622	162.162	202.703	243.243	283.784	324.124	364.865
889	88.9	40.495	80.990	121.485	161.980	202.475	242.969	283.464	323.959	364.454
890	89	40.449	80.899	121.348	161.798	202.247	242.696	283.146	323.595	364.045
891	89.1	40.404	80.808	121.212	161.616	202.020	242.424	282.828	323.232	363.636
892	89.2	40.359	80.717	121.076	161.435	201.794	242.152	282.511	322.870	363.228
893	89.3	40.314	80.627	120.941	161.254	201.568	241.881	282.195	322.508	362.822
894	89.4	40.268	80.537	120.805	161.074	201.342	241.610	281.879	322.147	362.416
895	89.5	40.223	80.447	120.670	160.894	201.117	241.340	281.564	321.787	362.011
896	89.6	40.179	80.357	120.536	160.714	200.893	241.071	281.250	321.428	361.607
897	89.7	40.134	80.267	120.401	160.535	200.669	240.802	280.936	321.070	361.203
898	89.8	40.089	80.178	120.267	160.356	200.445	240.534	280.623	320.712	360.801
899	89.9	40.044	80.089	120.133	160.178	200.222	240.266	280.311	320.355	360.400

II.

		10	20	30	40	50	60	70	80	90
km										
	km	1	2	3	4	5	6	7	8	9
sec	sec									
900	90	40.000	80.000	120.000	160.000	200.000	240.000	280.000	320.000	360.000
901	90.1	39.956	79.911	119.867	159.822	199.778	239.734	279.689	319.645	359.600
902	90.2	39.911	79.823	119.734	159.645	199.557	239.468	279.379	319.290	359.202
903	90.3	39.867	79.734	119.601	159.468	199.336	239.203	279.070	318.937	358.804
904	90.4	39.823	79.646	119.469	159.292	199.115	238.938	278.761	318.584	358.407
905	90.5	39.779	79.558	119.337	159.116	198.895	238.674	278.453	318.232	358.011
906	90.6	39.735	79.470	119.205	158.940	198.675	238.410	278.145	317.880	357.615
907	90.7	39.691	79.382	119.074	158.765	198.456	238.147	277.838	317.530	357.221
908	90.8	39.648	79.295	118.943	158.590	198.238	237.885	277.533	317.180	356.828
909	90.9	39.604	79.208	118.812	158.416	198.020	237.623	277.227	316.831	356.435
910	91	39.560	79.121	118.681	158.242	197.802	237.362	276.923	316.483	356.044
911	91.1	39.517	79.034	118.551	158.068	197.585	237.102	276.619	316.136	355.653
912	91.2	39.474	78.947	118.421	157.894	197.368	236.842	276.315	315.789	355.262
913	91.3	39.430	78.861	118.291	157.722	197.152	236.582	276.013	315.443	354.874
914	91.4	39.387	78.775	118.162	157.549	196.937	236.324	275.711	315.098	354.486
915	91.5	39.344	78.688	118.033	157.377	196.721	236.065	275.409	314.754	354.098
916	91.6	39.301	78.603	117.904	157.205	196.507	235.808	275.109	314.410	353.712
917	91.7	39.258	78.517	117.775	157.034	196.292	235.550	274.809	314.067	353.326
918	91.8	39.216	78.431	117.647	156.862	196.078	235.294	274.509	313.725	352.940
919	91.9	39.173	78.346	117.519	156.692	195.865	235.038	274.211	313.384	352.557

II.

km		10	20	30	40	50	60	70	80	90
	km	1	2	3	4	5	6	7	8	9
sec	sec									
920	92	39.130	78.261	117.391	156.522	195.652	234.782	273.913	313.043	352.174
921	92.1	39.088	78.176	117.264	156.352	195.440	234.527	273.615	312.703	351.791
922	92.2	39.046	78.091	117.137	156.182	195.228	234.273	273.319	312.364	351.410
923	92.3	39.003	78.006	117.010	156.013	195.016	234.019	273.022	312.026	351.029
924	92.4	38.961	77.922	116.883	155.844	194.805	233.766	272.727	311.688	350.649
925	92.5	38.919	77.838	116.757	155.676	194.595	233.513	272.432	311.351	350.270
926	92.6	38.877	77.754	116.630	155.507	194.384	233.261	272.138	311.014	349.891
927	92.7	38.835	77.670	116.505	155.340	194.175	233.009	271.844	310.679	349.614
928	92.8	38.793	77.586	116.379	155.172	193.966	232.759	271.552	310.345	349.138
929	92.9	38.751	77.503	116.254	155.005	193.757	232.508	271.259	310.010	348.762
930	93	38.710	77.419	116.129	154.838	193.548	232.258	270.967	309.677	348.386
931	93.1	38.668	77.336	116.004	154.672	193.341	232.009	270.677	309.345	348.013
932	93.2	38.627	77.253	115.880	154.506	193.133	231.760	270.386	309.013	347.639
933	93.3	38.585	77.170	115.756	154.341	192.926	231.511	270.096	308.682	347.267
934	93.4	38.544	77.088	115.631	154.175	192.719	231.263	269.807	308.350	346.894
935	93.5	38.503	77.005	115.508	154.010	192.513	231.016	269.518	308.021	346.523
936	93.6	38.462	76.923	115.385	153.846	192.308	230.769	269.231	307.692	346.154
937	93.7	38.420	76.841	115.261	153.682	192.102	230.582	268.943	307.363	345.784
938	93.8	38.380	76.760	115.139	153.518	191.898	230.277	268.657	307.027	345.416
939	93.9	38.339	76.677	115.016	153.354	191.693	230.032	268.370	306.709	345.032

II.

	km	10	20	30	40	50	60	70	80	90
	km	1	2	3	4	5	6	7	8	9
sec	sec									
940	94	38.298	76.596	114.893	153.191	191.489	229.787	268.085	306.382	344.680
941	94.1	38.257	76.514	114.771	153.028	191.286	229.543	267.800	306.057	344.314
942	94.2	38.216	76.433	114.649	152.866	191.082	229.298	267.515	305.731	343.948
943	94.3	38.176	76.352	114.528	152.704	190.880	229.056	267.232	305.408	343.574
944	94.4	38.156	76.271	114.407	152.542	190.678	228.813	266.949	305.084	343.220
945	94.5	38.095	76.190	114.286	152.381	190.476	228.571	266.666	304.762	342.857
946	94.6	38.055	76.110	114.165	152.220	190.275	228.329	266.384	304.443	342.494
947	94.7	38.015	76.029	114.054	152.059	190.074	228.088	266.103	304.118	342.132
948	94.8	37.975	75.949	113.924	151.898	189.873	227.848	265.822	303.797	341.771
949	94.9	37.935	75.869	113.804	151.738	189.673	227.608	265.542	303.477	341.411
950	95	37.894	75.788	113.682	151.576	189.470	227.364	265.258	303.152	341.046
951	95.1	37.855	75.710	113.564	151.419	189.274	227.129	264.984	302.838	340.693
952	95.2	37.815	75.630	113.445	151.260	189.076	226.891	264.706	302.521	340.336
953	95.3	37.775	75.551	113.326	151.102	188.877	226.652	264.428	302.203	339.979
954	95.4	37.736	75.472	113.207	150.943	188.679	226.415	264.151	301.886	339.522
955	95.5	37.696	75.393	113.089	150.785	188.482	226.178	263.874	301.570	339.267
956	95.6	37.657	75.314	112.971	150.628	188.285	225.941	263.598	301.255	338.912
957	95.7	37.618	75.235	112.853	150.470	188.088	225.705	263.323	300.940	338.558
958	95.8	37.578	75.157	112.735	150.313	187.892	225.470	263.048	300.626	338.205
959	95.9	37.539	75.078	112.617	150.156	187.696	225.235	262.774	300.293	337.852

II.

		10	20	30	40	50	60	70	80	90
	km	1	2	3	4	5	6	7	8	9
sec	sec									
960	96	37.500	75.000	112.500	150.000	187.500	225.000	262.500	300.000	337.500
961	96.1	37.461	74.922	112.383	149.844	187.305	224.765	262.226	299.687	337.148
962	96.2	37.422	74.844	112.266	149.688	187.110	224.532	261.954	299.376	336.798
963	96.3	37.383	74.766	112.149	149.532	186.916	224.299	261.682	299.065	336.448
964	96.4	37.344	74.689	112.033	149.377	186.722	224.066	261.410	298.754	336.099
965	96.5	37.306	74.611	111.917	149.222	186.528	223.834	261.139	298.445	335.750
966	96.6	37.266	74.532	111.799	149.065	186.331	223.597	260.863	298.130	335.396
967	96.7	37.229	74.457	111.686	148.914	186.143	223.371	260.600	297.828	335.057
968	96.8	37.190	74.380	111.570	148.760	185.950	223.140	260.330	297.520	334.710
969	96.9	37.152	74.303	111.455	148.607	185.759	222.910	260.062	297.214	334.365
970	97	37.113	74.227	111.340	148.454	185.567	222.680	259.794	296.907	334.021
971	97.1	37.075	74.150	111.225	148.366	185.376	222.451	259.526	296.601	333.676
972	97.2	37.037	74.074	111.111	148.148	185.185	222.222	259.259	296.296	333.333
973	97.3	36.999	73.998	110.997	147.996	184.995	221.993	258.992	295.991	332.990
974	97.4	36.961	73.922	110.983	147.844	184.805	221.765	258.786	295.687	332.648
975	97.5	36.923	73.846	110.769	147.692	184.615	221.538	258.461	295.384	332.307
976	97.6	36.885	73.770	110.656	147.541	184.426	221.311	258.196	295.082	331.967
977	97.7	36.848	73.695	110.543	147.380	184.238	221.085	257.933	294.780	331.628
978	97.8	36.810	73.620	110.429	147.239	184.049	220.859	257.669	294.478	331.288
979	97.9	36.772	73.544	110.317	147.089	183.861	220.633	257.405	294.178	330.950

II.

km		10	20	30	40	50	60	70	80	90
	km 1		2	3	4	5	6	7	8	9
sec	sec									
980	98	36.735	73.470	110.204	146.939	183.674	220.408	257.143	293.878	330.612
981	98.1	36.697	73.394	110.092	146.789	183.486	220.183	256.880	293.578	330.275
982	98.2	36.660	73.320	109.979	146.639	183.299	219.959	256.619	293.278	329.938
983	98.3	36.623	73.245	109.868	146.490	183.113	219.735	256.358	292.980	329.603
984	98.4	36.585	73.171	109.756	146.341	182.927	219.512	256.097	292.682	329.268
985	98.5	36.548	73.096	109.645	146.193	182.741	219.289	255.837	292.386	328.934
986	98.6	36.511	73.022	109.533	146.044	182.556	219.067	255.578	292.089	328.600
987	98.7	36.474	72.948	109.422	145.896	182.371	218.845	255.319	291.793	328.267
988	98.8	36.437	72.874	109.312	145.749	182.186	218.623	255.060	291.498	327.935
989	98.9	36.400	72.801	109.201	145.602	182.002	218.402	254.803	291.203	327.604
990	99	36.364	72.727	109.091	145.454	181.818	218.182	254.545	290.909	327.272
991	99.1	36.327	72.654	108.981	145.308	181.635	217.961	254.288	290.615	326.942
992	99.2	36.290	72.581	108.871	145.161	181.452	217.742	254.032	290.322	326.613
993	99.3	36.254	72.507	108.761	145.015	181.269	217.522	253.776	290.030	326.283
994	99.4	36.217	72.435	108.652	144.869	181.087	217.304	253.521	289.738	325.956
995	99.5	36.181	72.362	108.543	144.724	180.905	217.085	253.266	289.447	325.628
996	99.6	36.145	72.289	108.434	144.578	180.723	216.867	253.012	289.156	325.301
997	99.7	36.108	72.217	108.325	144.433	180.542	216.650	252.758	288.866	324.975
998	99.8	36.072	72.144	108.216	144.288	180.361	216.433	252.505	288.577	324.649
999	99.9	36.036	72.072	108.108	144.144	180.180	216.216	252.252	288.288	324.324

8

II.

km		10	20	30	40	50	60	70	80	90
		km 1	2	3	4	5	6	7	8	9
sec	sec									
1000	100	36.000	72.000	108.000	144.000	180.000	216.000	252.000	288.000	324.000
1001	100.1	35.964	71.928	107.892	143.856	179.820	215.784	251.748	287.712	323.676
1002	100.2	35.928	71.856	107.784	143.712	179.641	215.569	251.497	287.425	323.353
1003	100.3	35.894	71.785	107.677	143.569	179.462	215.354	251.246	287.138	323.031
1004	100.4	35.857	71.713	107.570	143.426	179.283	215.139	250.996	286.852	322.709
1005	100.5	35.821	71.642	107.462	143.283	179.104	214.925	250.746	286.566	322.387
1006	100.6	35.785	71.570	107.356	143.141	178.926	214.711	250.496	286.282	322.067
1007	100.7	35.750	71.499	107.249	142.999	178.749	214.498	250.248	285.998	321.747
1008	100.8	35.714	71.428	107.143	142.857	178.571	214.285	249.999	285.714	321.428
1009	100.9	35.679	71.358	107.036	142.715	178.394	214.073	249.742	285.430	321.109
1010	101	35.644	71.287	106.931	142.574	178.218	213.861	249.505	285.148	320.792
1011	101.1	35.608	71.217	106.824	142.433	178.042	213.650	249.258	284.866	320.475
1012	101.2	35.573	71.146	106.719	142.292	177.866	213.439	249.012	284.585	320.158
1013	101.3	35.538	71.076	106.614	142.152	177.690	213.228	248.766	284.304	319.842
1014	101.4	35.503	71.006	106.509	142.012	177.515	213.017	248.520	284.023	319.526
1015	101.5	35.468	70.936	106.404	141.872	177.340	212.807	248.275	283.743	319.211
1016	101.6	35.433	70.866	106.299	141.732	177.165	212.598	248.031	283.464	318.897
1017	101.7	35.398	70.796	106.195	141.593	176.991	212.389	247.787	283.186	318.584
1018	101.8	35.363	70.727	106.090	141.454	176.817	212.181	247.544	282.907	318.271
1019	101.9	35.329	70.657	105.986	141.315	176.644	211.972	247.301	282.630	317.958

II.

km		10	20	30	40	50	60	70	80	90
	km	1	2	3	4	5	6	7	8	9
sec	sec									
1020	102	35.294	70.588	105.882	141.176	176.471	211.765	247.059	282.353	317.647
1021	102.1	35.260	70.519	105.779	141.038	176.298	211.557	246.817	282.076	317.336
1022	102.2	35.225	70.450	105.675	140.900	176.125	211.350	246.575	281.800	317.025
1023	102.3	35.191	70.381	105.572	140.762	175.953	211.144	246.334	281.525	316.715
1024	102.4	35.156	70.313	105.469	140.625	175.782	210.938	246.094	281.250	316.407
1025	102.5	35.122	70.244	105.366	140.488	175.610	210.731	245.853	280.975	316.097
1026	102.6	35.088	70.175	105.263	140.351	175.439	210.526	245.614	280.702	315.790
1027	102.7	35.054	70.107	105.161	140.214	175.268	210.321	245.375	280.428	315.482
1028	102.8	35.019	70.039	105.048	140.078	175.097	210.116	245.136	280.155	315.175
1029	102.9	34.985	69.971	104.956	139.942	174.927	209.912	244.898	279.883	314.869
1030	103	34.951	69.903	104.854	139.806	174.757	209.708	244.660	279.611	314.563
1031	103.1	34.918	69.835	104.753	139.670	174.588	209.505	244.423	279.340	314.258
1032	103.2	34.884	69.767	104.651	139.535	174.419	209.302	244.186	279.070	313.953
1033	103.3	34.850	69.700	104.550	139.400	174.250	209.099	243.949	278.799	313.649
1034	103.4	34.816	69.832	104.449	139.265	174.081	208.897	243.713	278.528	313.346
1035	103.5	34.783	69.565	104.348	139.130	173.913	208.696	243.478	278.261	313.043
1036	103.6	34.749	69.498	104.247	138.996	173.745	208.494	243.243	277.992	312.741
1037	103.7	34.716	69.431	104.147	138.862	173.578	208.293	243.009	277.724	312.440
1038	103.8	34.682	69.364	104.046	138.728	173.410	208.092	242.774	277.456	312.138
1039	103.9	34.649	69.297	103.946	138.595	173.244	207.892	242.541	277.190	311.838

II.

km		10	20	30	40	50	60	70	80	90
		km 1	2	3	4	5	6	7	8	9
sec	sec									
1040	104	34.615	69.231	103.846	138.461	173.077	207.692	242.307	276.922	311.538
1041	104.1	34.582	69.164	103.746	138.328	172.911	207.493	242.075	276.657	311.239
1042	104.2	34.549	69.098	103.648	138.197	172.746	207.295	241.844	276.394	310.943
1043	104.3	34.516	69.032	103.547	138.063	172.579	207.097	241.611	276.126	310.642
1044	104.4	34.483	68.965	103.448	137.931	172.414	206.897	241.379	275.862	310.344
1045	104.5	34.450	68.899	103.349	137.799	172.249	206.698	241.148	275.598	310.047
1046	104.6	34.417	68.834	103.250	137.667	172.084	206.501	240.918	275.334	309.751
1047	104.7	34.384	68.768	103.152	137.536	171.920	206.303	240.687	275.071	309.455
1048	104.8	34.351	68.702	103.053	137.404	171.756	206.107	240.458	274.809	309.160
1049	104.9	34.318	68.637	102.955	137.273	171.592	205.910	240.228	274.546	308.865
1050	105	34.286	68.571	102.857	137.143	171.429	205.714	240.000	274.286	308.571
1051	105.1	34.253	68.506	102.759	137.012	171.265	205.518	239.771	274.024	308.277
1052	105.2	34.221	68.441	102.662	136.882	171.103	205.323	239.544	273.764	307.985
1053	105.3	34.188	68.376	102.564	136.752	170.940	205.128	239.316	273.504	307.692
1054	105.4	34.156	68.311	102.467	136.622	170.778	204.933	239.089	273.244	307.401
1055	105.5	34.123	68.246	102.370	136.493	170.616	204.739	238.862	272.986	307.109
1056	105.6	34.100	68.200	102.300	136.400	170.500	204.599	238.699	272.799	306.899
1057	105.7	34.059	68.117	102.176	136.234	170.293	204.352	238.410	272.469	306.527
1058	105.8	34.026	68.053	102.079	136.106	170.132	204.158	238.185	272.211	306.238
1059	105.9	33.994	67.989	101.983	135.977	169.972	203.966	237.960	271.954	305.949

km		10	20	30	40	50	60	70	80	90
	km	1	2	3	4	5	6	7	8	9
sec	sec									
1060	106	33.962	67.924	101.887	135.849	169.811	203.773	237.735	271.698	305.660
1061	106.1	33.930	67.860	101.791	135.721	169.651	203.581	237.511	271.442	305.372
1062	106.2	33.898	67.797	101.695	135.593	169.492	203.390	237.288	271.186	305.085
1063	106.3	33.866	67.733	101.599	135.466	169.332	203.198	237.065	270.931	304.798
1064	106.4	33.835	67.669	101.504	135.338	169.173	203.007	236.842	270.676	304.511
1065	106.5	33.803	67.606	101.408	135.211	169.014	202.817	236.620	270.422	304.225
1066	106.6	33.771	67.542	101.313	135.084	168.856	202.627	236.398	270.169	303.940
1067	106.7	33.739	67.479	101.218	134.958	168.697	202.436	236.176	269.915	303.655
1068	106.8	33.708	67.416	101.123	134.831	168.539	202.247	235.955	269.662	303.370
1069	106.9	33.676	67.353	101.029	134.705	168.382	202.058	235.734	269.410	303.087
1070	107	33.645	67.290	100.934	134.579	168.224	201.869	235.514	269.158	302.803
1071	107.1	33.613	67.227	100.840	134.454	168.067	201.680	235.294	268.907	302.521
1072	107.2	33.582	67.164	100.746	134.328	167.910	201.492	235.074	268.656	302.238
1073	107.3	33.551	67.101	100.652	134.203	167.754	201.304	234.855	268.406	301.956
1074	107.4	33.520	67.039	100.559	134.078	167.598	201.117	234.637	268.156	301.676
1075	107.5	33.488	66.977	100.465	133.953	167.442	200.930	234.418	267.906	301.395
1076	107.6	33.457	66.914	100.372	133.829	167.286	200.743	234.200	267.658	301.115
1077	107.7	33.426	66.852	100.278	133.704	167.131	200.557	233.983	267.409	300.835
1078	107.8	33.395	66.790	100.185	133.580	166.976	200.371	233.766	267.161	300.556
1079	107.9	33.364	66.728	100.093	133.457	166.821	200.185	233.549	266.914	300.278

II.

km		10	20	30	40	50	60	70	80	90
	km	1	2	3	4	5	6	7	8	9
sec	sec									
1080	108	33.333	66.667	100.000	133.333	166.667	200.000	233.333	266.666	300.000
1081	108.1	33.302	66.605	99.907	133.210	166.512	199.814	233.117	266.419	299.732
1082	108.2	33.272	66.543	99.815	133.087	166.359	199.630	232.902	266.174	299.445
1083	108.3	33.241	66.482	99.723	132.964	166.205	199.630	232.902	266.174	299.445
1084	108.4	33.210	66.421	99.631	132.841	166.016	199.262	232.472	265.927	299.168
1085	108.5	33.180	66.359	99.539	132.719	165.899	199.078	232.258	265.682	298.893
1086	108.6	33.149	66.298	99.447	132.596	165.746	198.895	232.044	265.438	298.617
1087	108.7	33.119	66.237	99.356	132.474	165.593	198.712	231.830	265.193	298.342
1088	108.8	33.088	66.176	99.265	132.353	165.441	198.529	231.617	264.949	298.067
1089	108.9	33.058	66.116	99.173	132.231	165.289	198.347	231.405	264.706	297.794
1090	109	33.028	66.055	99.083	132.110	165.138	198.165	231.193	264.220	297.520
1091	109.1	32.997	65.994	98.992	131.989	164.986	197.983	230.980	263.978	297.248
1092	109.2	32.967	65.934	98.901	131.868	164.835	197.802	230.769	263.736	296.975
1093	109.3	32.937	65.874	98.810	131.747	164.684	197.621	230.558	263.494	296.703
1094	109.4	32.907	65.813	98.720	131.627	164.534	197.440	230.347	263.254	296.431
1095	109.5	32.877	65.753	98.630	131.507	164.384	197.260	230.137	263.014	296.160
1096	109.6	32.847	65.693	98.540	131.387	164.234	197.080	229.927	262.774	295.890
1097	109.7	32.817	65.633	98.450	131.267	164.084	196.900	229.717	262.534	295.620
1098	109.8	32.787	65.574	98.360	131.147	163.934	196.721	229.508	262.294	295.350
1099	109.9	32.757	65.514	98.271	131.028	163.785	196.542	229.299	262.056	294.813

II.

km		10	20	30	40	50	60	70	80	90
	km	1	2	3	4	5	6	7	8	9
sec	sec									
1100	110	32.727	65.454	98.182	130.909	163.636	196.363	229.090	261.818	294.545
1101	110.1	32.698	65.395	98.093	130.790	163.488	196.185	228.883	261.580	294.278
1102	110.2	32.668	65.336	98.003	130.671	163.339	196.007	228.675	261.342	294.010
1103	110.3	32.638	65.276	97.915	130.553	163.191	195.839	228.467	261.106	293.744
1104	110.4	32.609	65.217	97.826	130.434	163.043	195.652	228.260	260.869	293.477
1105	110.5	32.579	65.158	97.737	130.316	162.896	195.475	228.054	260.633	293.212
1106	110.6	32.550	65.099	97.649	130.199	162.749	195.298	227.848	260.398	292.947
1107	110.7	32.520	65.041	97.561	130.081	162.602	195.122	227.642	260.162	292.683
1108	110.8	32.491	64.982	97.473	129.964	162.455	194.945	227.436	259.927	292.418
1109	110.9	32.462	64.923	97.385	129.846	162.308	194.770	227.231	259.693	292.154
1110	111	32.432	64.865	97.297	129.730	162.162	194.594	227.027	259.459	291.892
1111	111.1	32.403	64.806	97.210	129.613	162.016	194.419	226.822	259.226	291.629
1112	111.2	32.374	64.748	97.122	129.496	161.871	194.245	226.619	258.993	291.367
1113	111.3	32.345	64.690	97.035	129.380	161.725	194.070	226.415	258.760	291.105
1114	111.4	32.316	64.632	96.948	129.264	161.580	193.895	226.211	258.527	290.843
1115	111.5	32.287	64.574	96.861	129.148	161.435	193.721	226.008	258.295	290.582
1116	111.6	32.258	64.516	96.774	129.032	161.290	193.548	225.806	258.064	290.322
1117	111.7	32.229	64.458	96.687	128.916	161.146	193.375	225.604	257.833	290.062
1118	111.8	32.200	64.401	96.601	128.801	161.002	193.202	225.402	257.602	289.803
1119	111.9	32.172	64.343	96.515	128.686	160.858	193.029	225.201	257.372	289.544

II.

sec	sec	km 10 / km 1	20 / 2	30 / 3	40 / 4	50 / 5	60 / 6	70 / 7	80 / 8	90 / 9
1120	112	32.143	64.286	96.428	128.571	160.714	192.857	225.000	257.142	289.285
1121	112.1	32.114	64.228	96.342	128.456	160.571	192.685	224.799	256.913	289.027
1122	112.2	32.086	64.171	96.257	128.342	160.428	192.453	224.599	256.684	288.770
1123	112.3	32.057	64.114	96.171	128.228	160.285	192.341	224.398	256.455	288.512
1124	112.4	32.028	64.057	96.085	128.114	160.142	192.170	224.199	256.227	288.256
1125	112.5	32.000	64.000	96.000	128.000	160.000	192.000	224.000	256.000	288.000
1126	112.6	31.972	63.943	95.915	127.886	159.858	191.829	223.801	255.772	287.744
1127	112.7	31.943	63.886	95.830	127.773	159.716	191.659	223.602	255.546	287.489
1128	112.8	31.915	63.830	95.745	127.660	159.575	191.489	223.404	255.319	287.234
1129	112.9	31.887	63.773	95.660	127.546	159.433	191.319	223.206	255.092	286.981
1130	113	31.858	63.717	95.575	127.434	159.292	191.150	223.009	254.867	286.726
1131	113.1	31.830	63.660	95.491	127.321	159.151	190.981	222.811	254.642	286.472
1132	113.2	31.802	63.604	95.406	127.208	159.011	190.813	222.615	254.417	286.219
1133	113.3	31.774	63.548	95.322	127.096	158.870	190.644	222.318	254.192	285.966
1134	113.4	31.746	63.492	95.238	126.984	158.730	190.476	222.222	253.968	285.714
1135	113.5	31.718	63.436	95.154	126.872	158.590	190.308	222.026	253.744	285.462
1136	113.6	31.690	63.380	95.070	126.760	158.451	190.141	221.831	253.521	285.211
1137	113.7	31.662	63.324	94.987	126.649	158.311	189.973	221.635	253.298	284.960
1138	113.8	31.634	63.268	94.902	126.536	158.170	189.804	221.438	253.072	284.706
1139	113.9	31.607	63.213	94.820	126.426	158.033	189.640	221.246	252.853	284.459

II.

km		10	20	30	40	50	60	70	80	90
		km 1	2	3	4	5	6	7	8	9
sec	sec									
1140	114	31.579	63.158	94.737	126.316	157.895	189.473	221.052	252.631	284.210
1141	114.1	31.551	63.102	94.654	126.205	157.756	189.307	220.858	252.410	283.961
1142	114.2	31.524	63.047	94.571	126.094	157.618	189.142	220.665	252.189	283.712
1143	114.3	31.496	62.992	94.488	125.984	157.480	188.976	220.472	251.968	283.464
1144	114.4	31.469	62.937	94.406	125.874	157.343	188.811	220.480	251.748	283.217
1145	114.5	31.441	62.882	94.323	125.764	157.205	188.646	220.087	251.528	282.969
1146	114.6	31.414	62.827	94.241	125.654	157.068	188.482	219.895	251.309	282.722
1147	114.7	31.386	62.772	94.159	125.545	156.931	188.317	219.702	251.090	282.476
1148	114.8	31.359	62.718	94.076	125.435	156.794	188.153	219.512	250.870	282.229
1149	114.9	31.332	62.663	93.995	125.326	156.658	187.989	219.321	250.652	281.984
1150	115	31.304	62.609	93.913	125.217	156.522	187.826	219.128	250.434	281.739
1151	115.1	31.277	62.554	93.831	125.108	156.386	187.663	218.940	250.217	281.494
1152	115.2	31.250	62.500	93.750	125.000	156.250	187.500	218.750	250.000	281.250
1153	115.3	31.223	62.446	93.668	124.891	156.114	187.337	218.560	249.782	280.995
1154	115.4	31.196	62.392	93.587	124.783	155.979	187.175	218.371	249.566	280.762
1155	115.5	31.169	62.338	93.506	124.675	155.844	187.013	218.182	249.350	280.519
1156	115.6	31.142	62.284	93.425	124.567	155.709	186.851	217.993	249.134	280.276
1157	115.7	31.115	62.230	93.345	124.460	155.575	186.689	217.804	248.919	280.034
1158	115.8	31.088	62.176	93.264	124.352	155.440	186.528	217.616	248.704	279.792
1159	115.9	31.061	62.123	93.184	124.246	155.307	186.368	217.430	248.491	279.553

II.

sec	sec	km 1	2	3	4	5	6	7	8	9
km		10	20	30	40	50	60	70	80	90
1160	116	31.034	62.069	93.103	124.138	155.172	186.206	217.241	248.275	279.310
1161	116.1	31.008	62.015	93.023	124.031	155.039	186.046	217.054	248.062	279.069
1162	116.2	30.981	61.962	92.943	123.924	154.905	185.886	216.867	247.848	278.829
1163	116.3	30.954	61.909	92.863	123.818	154.772	185.726	216.681	247.635	278.590
1164	116.4	30.928	61.856	92.783	123.711	154.639	185.567	216.495	247.422	278.350
1165	116.5	30.901	61.802	92.704	123.605	154.506	185.407	216.308	247.210	278.111
1166	116.6	30.875	61.749	92.624	123.499	154.374	185.248	216.123	246.998	277.872
1167	116.7	30.848	61.697	92.545	123.393	154.242	185.090	215.938	246.786	277.635
1168	116.8	30.822	61.644	92.466	123.288	154.110	184.931	215.753	246.575	277.397
1169	116.9	30.796	61.591	92.387	123.182	153.978	184.773	215.569	246.364	277.160
1170	117	30.769	61.538	92.308	123.077	153.846	184.615	215.384	246.154	276.923
1171	117.1	30.743	61.486	92.229	122.972	153.715	184.457	215.200	245.943	276.686
1172	117.2	30.717	61.433	92.150	122.867	153.584	184.300	215.017	245.734	276.450
1173	117.3	30.691	61.381	92.072	122.762	153.453	184.143	214.834	245.524	276.215
1174	117.4	30.664	61.329	91.993	122.657	153.322	183.986	214.650	245.314	275.979
1175	117.5	30.638	61.276	91.915	122.553	153.191	183.829	214.467	245.106	275.744
1176	117.6	30.612	61.224	91.837	122.449	153.061	183.673	214.285	244.898	275.510
1177	117.7	30.586	61.172	91.759	122.345	152.931	183.517	214.103	244.690	275.276
1178	117.8	30.560	61.120	91.681	122.241	152.801	183.361	213.921	244.482	275.042
1179	117.9	30.534	61.069	91.603	122.137	152.672	183.206	213.740	244.274	274.809

II.

km		10	20	30	40	50	60	70	80	90
		km 1	2	3	4	5	6	7	8	9
sec	sec									
1180	118	30.508	61.017	91.525	122.034	152.542	183.050	213.559	244.067	274.576
1181	118.1	30.483	60.965	91.448	121.930	152.413	182.896	213.378	243.861	274.343
1182	118.2	30.457	60.914	91.370	121.827	152.284	182.741	213.198	243.654	274.111
1183	118.3	30.431	60.862	91.293	121.724	152.156	182.587	213.018	243.449	273.880
1184	118.4	30.405	60.811	91.216	121.622	152.027	182.432	212.838	243.243	273.607
1185	118.5	30.380	60.759	91.139	121.519	151.899	182.278	212.658	243.038	273.317
1186	118.6	30.354	60.708	91.062	121.416	151.771	182.125	212.479	242.833	273.187
1187	118.7	30.329	60.657	90.986	121.314	151.643	181.971	212.300	242.628	272.957
1188	118.8	30.303	60.606	90.909	121.212	151.152	181.818	212.121	242.424	272.727
1189	118.9	30.278	60.555	90.833	121.110	151.388	181.665	211.943	242.220	272.498
1190	119	30.252	60.504	90.756	121.008	151.261	181.513	211.765	242.017	272.269
1191	119.1	30.227	60.453	90.680	120.907	151.134	181.360	211.587	241.814	272.040
1192	119.2	30.201	60.403	90.604	120.805	151.007	181.208	211.409	241.610	271.812
1193	119.3	30.176	60.352	90.528	120.704	150.880	181.056	211.232	241.408	271.584
1194	119.4	30.151	60.301	90.452	120.603	150.754	180.904	211.055	241.206	271.356
1195	119.5	30.126	60.251	90.377	120.502	150.628	180.753	210.879	241.004	271.130
1196	119.6	30.100	60.201	90.301	120.401	150.502	180.602	210.702	240.802	270.903
1197	119.7	30.075	60.150	90.225	120.300	150.376	180.451	210.526	240.601	270.676
1198	119.8	30.050	60.100	90.150	120.200	150.250	175.300	200.350	225.400	250.450
1199	119.9	30.025	60.050	90.075	120.100	150.125	175.150	200.175	225.200	250.225
1200	120	30.000	60.000	90.000	120.000	150.000	175.000	200.000	225.000	250.000

III.

min \ sec	0	10	20	30	40	50
1	60	70	80	90	100	110
2	120	130	140	150	160	170
3	180	190	200	210	220	230
4	240	250	260	270	280	290
5	300	310	320	330	340	350
6	360	370	380	390	400	410
7	420	430	440	450	460	470
8	480	490	500	510	520	530
9	540	550	560	570	580	590
10	600	610	620	630	640	650
11	660	670	680	690	700	710
12	720	730	740	750	760	770
13	780	790	800	810	820	830
14	840	850	860	870	880	890
15	900	910	920	930	940	950
16	960	970	980	990	1000	1010
17	1020	1030	1040	1050	1060	1070
18	1080	1090	1100	1110	1120	1130
19	1140	1150	1160	1170	1180	1190
20	1200	1210	1220	1230	1240	1250
21	1260	1270	1280	1290	1300	1310
22	1320	1330	1340	1350	1360	1370

III.

min	sec 0	10	20	30	40	50
23	1380	1390	1400	1410	1420	1430
24	1440	1450	1460	1470	1480	1490
25	1500	1510	1520	1530	1540	1550
26	1560	1570	1580	1590	1600	1610
27	1620	1630	1640	1650	1660	1670
28	1680	1690	1700	1710	1720	1730
29	1740	1750	1760	1770	1780	1790
30	1800	1810	1820	1830	1840	1850
31	1860	1870	1880	1890	1900	1910
32	1920	1930	1940	1950	1960	1970
33	1980	1990	2000	2010	2020	2030
34	2040	2050	2060	2070	2080	2090
35	2100	2110	2120	2130	2140	2150
36	2160	2170	2180	2190	2200	2210
37	2220	2230	2240	2250	2260	2270
38	2280	2290	2300	2310	2320	2330
39	2340	2350	2360	2370	2380	2390
40	2400	2410	2420	2430	2440	2450
41	2460	2470	2480	2490	2500	2510
42	2520	2530	2540	2550	2560	2570
43	2580	2590	2600	2610	2620	2630
44	2640	2650	2660	2670	2680	2690

9

III.

min \ sec	0	10	20	30	40	50
45	2700	2710	2720	2730	2740	2750
46	2760	2770	2780	2790	2800	2810
47	2820	2830	2840	2850	2860	2870
48	2880	2890	2900	2910	2920	2930
49	2940	2950	2960	2970	2980	2990
50	3000	3010	3020	3030	3040	3050
51	3060	3070	3080	3090	3100	3110
52	3120	3130	3140	3150	3160	3170
53	3180	3190	3200	3210	3220	3230
54	3240	3250	3260	3270	3280	3290
55	3300	3310	3320	3330	3340	3350
56	3360	3370	3380	3390	3400	3410
57	3420	3430	3440	3450	3460	3470
58	3480	3490	3500	3510	3520	3530
59	3540	3550	3560	3570	3580	3590
60	3600	3610	3620	3630	3640	3650